Gußeisenwerkstoffe

Eigenschaften unlegierter und niedriglegierter Gußeisen mit Lamellengraphit/Kugelgraphit/Vermiculargraphit im Temperaturbereich bis 500° C

Teil 1: Textband

von

Dipl.-Ing. Erich Nechtelberger
Österreichisches Gießerei-Institut, Leoben

Herausgegeben von der Forschungsvereinigung für Verbrennungskraftmaschinen e.V., Frankfurt/Main

Fachverlag Schiele & Schön GmbH, Berlin

CIP-Kurztitelaufnahme der Deutschen Bibliothek

Nechtelberger, Erich
Gußeisenwerkstoffe: Eigenschaften unlegierter u. niedriglegierter Gußeisen mit Lamellengraphit, Kugelgraphit, Vermiculargraphit im Temperaturbereich bis 500° C / hrsg. von d. Forschungsvereinigung für Verbrennungskraftmaschinen e.V., Frankfurt/Main.
- Berlin : Schiele & Schön.
ISBN 3-7949-0303-X

Teil 1. Textband. - 1. Aufl. - 1977.

ISBN 3 7949 0303 X

Markgrafenstraße 11, D-1000 Berlin 61

Druck: Georg Messer KG, D-6102 Pfungstadt
Printed in Germany

V o r w o r t

Die vorliegende Schrift entstand im Rahmen eines Forschungsauftrages des Arbeitskreises "Gusseisenwerkstoffe" der Forschungsvereinigung für Verbrennungskraftmaschinen e.V., Frankfurt/Main, mit dem Ziel, den heutigen Wissensstand über die mechanische und thermische Beanspruchbarkeit der Gusseisenwerkstoffe im Hinblick auf deren Einsatz als Zylinderdeckelwerkstoff für den Dieselmotorenbau umfassend darzustellen. Die Bearbeitung erfolgte daher unter dem Titel "Gusseisenwerkstoffe für Zylinderdeckel".

Es hat sich gezeigt, dass die Zusammensetzung der heute verwendeten Zylinderdeckel und Zylinderköpfe den gesamten Bereich des technischen Gusseisens erfasst. Die Beanspruchungsverhältnisse an diesem Bauteil sind so vielgestaltig, dass praktisch alle mechanischen und physikalischen Werkstoffeigenschaften auf das Betriebsverhalten Einfluss nehmen. Es war daher notwendig, über die engere Zielsetzung "Gusseisenwerkstoffe für Zylinderdeckel" hinaus zunächst die heute erreichbaren Eigenschaften der Gusseisenwerkstoffe mit Lamellengraphit, mit Kugelgraphit bzw. mit Vermiculargraphit vergleichend darzustellen. In dieser Form können die zusammengefassten Informationen aber nicht nur dem Motorenbauer, sondern darüber hinaus auch den Gussverbrauchern und Konstrukteuren von allgemeinem Nutzen sein und die Leistungsfähigkeit und Grenzen der Gusseisenwerkstoffe aufzeigen. Aus diesem Grunde soll die ursprünglich für einen kleineren Interessentenkreis durchgeführte Arbeit in der vorliegenden Fassung einem breiteren Leserkreis zugänglich gemacht werden, wofür Herausgeber und Verlag herzlichst gedankt sei.

Für nützliche Hinweise bei der Literaturbeschaffung möchte ich nachstehend genannte Firmen dankend erwähnen:

Daimler-Benz AG.	Stuttgart
FVV Forschungsvereinigung Verbrennungskraftmaschinen e.V.	Frankfurt
KHD Klöckner-Humboldt-Deutz AG.	Köln
KS Karl Schmidt	Neckarsulm
Mahle GmbH	Stuttgart
MaK Maschinenbau GmbH	Kiel
MAN Maschinenfabrik Augsburg-Nürnberg AG.	Augsburg u. Nürnberg
MWM Motoren-Werke Mannheim AG.	Mannheim
PLEUCO GmbH	Zell

Darüber hinaus stellten folgende Firmen und Institutionen Schrifttumsunterlagen und unveröffentlichte Forschungsergebnisse in dankenswerter Weise zur Verfügung oder waren bei der Beschaffung behilflich:

ASTM American Society for Testing and Materials	Philadelphia
AVL Anstalt für Verbrennungsmotoren, Prof. Dr. H. List	Graz
BCIRA British Cast Iron Research Association	Birmingham
BSRA The British Ship Research Association	London

Climax Molybdenum GmbH	Düsseldorf
Degussa, Durferrit u. Industrieofenbau	Hanau
GF Georg Fischer AG., Zentrallabor	Schaffhausen
Jenbacher Werke AG.	Jenbach
Steyr-Daimler-Puch AG.	Steyr u. Wien
SGP Simmering-Graz-Pauker AG.	Wien
Svenska Gjuteriföreningen	Jönköping
VDG Verein Deutscher Giessereifachleute	Düsseldorf
VEW-SBS Vereinigte Edelstahlwerke Schoeller-Bleckmann, Abtlg. Giesserei	Ternitz

Einen wesentlichen Beitrag leistete die Fa. Buderus'sche Eisenwerke, Wetzlar, durch Mitteilung neuester Untersuchungsergebnisse über Gusseisen mit Vermiculargraphit. Auch umfangreiche, noch nicht publizierte Forschungsergebnisse des Österr. Giesserei-Institutes konnten in die Ausarbeitung miteinbezogen werden.

Besonderer Dank gilt den Herren Dr. J. Affenzeller (AVL Graz), Dr. K. Röhrig (Climax Molybdenum Düsseldorf), Ing. W. Siebert (MaK Kiel) und Prof. Dr. F. Sturm (Montanuniversität Leoben) für persönliche Unterstützung und wertvolle Diskussionen.

Schliesslich möchte ich noch Frl. G. Galic und Frau Ing. R. Jansa für ihre mühevolle Mitarbeit bei der Anfertigung des Manuskriptes besonders herzlich danken.

Leoben, August 1977 Erich Nechtelberger

Inhaltsverzeichnis

1 Einleitung und Aufgabenstellung

Die Dieselmotorenentwicklung ist heute gekennzeichnet durch anhaltende Bestrebungen, die Leistung und Grösse der Motoren in einem Ausmass zu steigern, der die Belastbarkeit der bisher verwendeten Zylinderdeckel vielfach nicht mehr standhält. Zunehmende Schwierigkeiten ergeben sich vor allem bei der Weiterentwicklung hochaufgeladener Mittelschnelläufer für Schiffsdieselmotoren, wo die Beanspruchung der Zylinderdeckel durch thermische Lastwechsel schon in den Bereich der Zeitfestigkeit geht, was zur Folge hat, dass der Zylinderdeckel infolge eines therm. Ermüdungsbruches nach einer bestimmten Zeit ausfällt. Diese thermische Beanspruchung wird durch den Wärmeübergang aus dem Brennraum auf den Zylinderdeckel bedingt und steigt mit dem Zylinderdurchmesser und der Aufladung an[82).

Als in seinem konstruktiven Aufbau einer der kompliziertesten Teile des Motors, bestimmt der Zylinderdeckel die Belastungsgrenze eines Motors wesentlich mit. Der Weiterentwicklung dieses Bauteiles muss daher erhöhte Aufmerksamkeit zukommen. Die Belastung des Zylinderdeckels ist eine Kombination von mechanischer und thermischer Beanspruchung, wobei jede Beanspruchungsart für sich betrachtet zu gegensätzlichen Konstruktionsprinzipien führt. Während die mechanische Belastung dicke Böden und Wände verlangt, erfordert die thermische Belastung gerade das Gegenteil, um die Temperaturgradienten niedrig und damit die Wärmespannungen in zulässigen Grenzen zu halten. Hohe mechanische Belastungen müssen oftmals durch Abstützungen und Verrippungen aufgefangen werden, was wiederum die thermische Belastung erhöht, da durch Ausdehnungsbehinderung von Zonen unterschiedlicher Temperaturen erhebliche Wärmespannungen auftreten können. Diese werden ganz besonders gefährlich, wenn bei plötzlicher Änderung der Kühlwassertemperatur oder bei Kaltluftstarts Wärmeschocks hinzukommen.[1] [80] Seit der nunmehr 80-jährigen Entwicklung des Verbrennungsmotors galt und gilt noch immer das Gusseisen mit Lamellengraphit (Grauguss) als der klassische Werkstoff für Zylinderdeckel. Durch Qualitätsverbesserungen (z.B. hochfeste, unlegierte und legierte Gusseisen, "zähes Gusseisen" u.a.) und auch durch geeignete konstruktive Massnahmen kann dieser Werkstoff mit der fortschreitenden Motorenentwicklung in den meisten Fällen immer noch Schritt halten. Bei Hochleistungsmotoren wurde in manchen Fällen die Belastungsgrenze des Gusseisens mit Lamellengraphit aber bereits überschritten. Durch die Forderung der Konstrukteure nach einem Gusseisen mit mindestens 35 kp/mm^2 Zugfestigkeit und mindestens 1,2 bis 2 % Dehnung [109] [126] [159] ist man in der Bundesrepublik Deutschland seit etwa 3 Jahren dazu übergegangen, hochbeanspruchte Zylinderdeckel für Schiffsdieselmotoren[124 bis 129] [250] aus ferritischem Gusseisen mit Vermiculargraphit herzustellen, das in seinen Eigenschaften [121] zwischen hochfestem Gusseisen mit Lamellengraphit und Gusseisen mit Kugelgraphit liegt. Durch diese Forderung nach erhöhter Mindestdehnung wird nach praktischen Erfahrungen die Sicherheit gegen das Auftreten von Ermüdungsbrüchen günstig beeinflusst[109]. Für mechanisch höchstbeanspruchte Zylinderdeckel wird fallweise auch Gusseisen mit Kugelgraphit[6] [104] und in Ausnahmefällen Stahlguss[80] [82] verwendet.

Sowohl Gusseisen mit Vermiculargraphit als auch Gusseisen mit Kugelgraphit haben gegenüber Gusseisen mit Lamellengraphit höhere Festigkeiten und deutlich höhere Dehnungswerte. Wegen seiner kugeligen Graphitausbildung hat das Gusseisen mit Kugelgraphit zwar sehr gute mechanische und Zähigkeitseigenschaften, dafür aber deutlich niedrigere Wärmeleitfähigkeit und einen höheren E-Modul, was zu erheblich höheren thermischen Spannungen führt, die einen Teil der höheren Festigkeit wieder verbrauchen. Gusseisen mit Vermiculargraphit liegt hier günstiger, so dass seine thermischen Spannungen nur wenig höher als bei Gusseisen mit Lamellengraphit sind und die höheren Festigkeits- und Zähigkeitswerte fast vollständig ausgenützt werden können. Diese Gusseisenqualität scheint deshalb als Zylinderdeckelmaterial für bestimmte Anwendungsfälle besonders geeignet zu sein. Die ersten Prototypen für mittelschnellaufende 4-Takt-Dieselmotoren laufen in der Bundesrepublik Deutschland nun schon seit etwa 3 Jahren und haben sich bisher sehr gut bewährt[80].

War man bei der Werkstoffwahl bisher vorwiegend auf Erfahrungswerte und Ausprobieren angewiesen[84] - was auch in der enorm grossen Anzahl der in Verwendung stehenden Eisensorten zum Ausdruck kommt - so ist man erst in letzter Zeit in der Lage, die Beanspruchungsverhältnisse wenigstens teilweise mit Hilfe der Hochtemperatur-DMS-Technik an den zugänglichen Stellen kennenzulernen. Sowohl der versuchstechnische als auch der Kostenaufwand für derartige Untersuchungen ist sehr hoch, so dass der Werkstofferprobung im praktischen Motorbetrieb noch immer grosse Bedeutung bzw. die letzte Entscheidung zukommt. Diese allerdings benötigt einen erheblichen Zeitaufwand von rd. 2 bis 3 Jahren Laufzeit, ehe ein Urteil über die Bewährung eines Werkstoffes gefällt werden kann.

Erst mit zunehmender Kenntnis der äusserst komplexen Beanspruchungsverhältnisse eines Zylinderdeckels und deren Quantifizierung, ob die mechanische (statische, wechselnde und schwellende) oder die thermische (stationäre und/oder pulsierende) Belastung im Vordergrund steht, wird eine optimale Werkstoffauswahl und -entwicklung für jeden spezifischen Anwendungsfall möglich sein.

Obwohl der Zylinderdeckel wegen seiner komplizierten äusseren und inneren Form mathematisch kaum erfassbar und die Konstruktion auch heute noch ein weitgehend empirisches Problem ist, werden näherungsweise Modellberechnungsverfahren mit Hilfe Finiter-Elemente Programme mit mehr oder weniger grossem Rechenaufwand schon durchgeführt[84) bis 87)]. Diese Rechenmethoden werden zur Zeit ständig verbessert und erweitert und für eine Optimierung des Bauteiles Zylinderdeckel in zunehmendem Ausmass herangezogen[87) 258)259)260)].

Die bisher erarbeiteten Kenntnisse der Beanspruchungsverhältnisse haben dazu geführt, dass man heute weiss, dass mechanische und thermische Belastung genau entgegengesetzte konstruktive Massnahmen und Werkstoffeigenschaften notwendig machen. Aus diesem Grund und auch als Voraussetzung für die in Entwicklung befindlichen Berechnungsverfahren ist die Kenntnis bzw. Erarbeitung umfassender mechanischer und physikalischer Werkstoffkenndaten eine notwendige Voraussetzung.

Die vorliegende Literaturübersicht soll deshalb den heutigen Wissensstand, soweit er in zugänglichen Publikationen offengelegt ist, über die Gusseisenwerkstoffe für Zylinderdeckel von Dieselmotoren wiedergeben und eine Basis darstellen für einen optimalen Einsatz der vorhandenen und für die Aufstellung von Forschungsschwerpunkten zur gezielten Weiterentwicklung noch besserer Werkstoffe für Zylinderdeckel.

2 In Verwendung stehende Gusseisen-Werkstoffe und deren Zusammensetzung

2.1 Gusseisen mit Lamellengraphit (GGL)

Zylinderköpfe für wassergekühlte Dieselmotoren werden überwiegend aus perlitischem Gusseisen mit Lamellengraphit (GGL) hergestellt, das allgemein eine verhältnismässig gute Beständigkeit gegen Temperaturwechsel aufweist. Wenn man die Vielfalt der in der Literatur genannten rd. 40 verschiedenen Gusseisensorten betrachtet (Tafel 1), so gewinnt man den Eindruck, dass die Wahl der entsprechenden Zusammensetzung auf lange Zeit aufgebauter Erfahrung und/oder Ausprobieren beruht. Die Grundzusammensetzung der verwendeten Graugusssorten streut in sehr weiten Grenzen von:

2,6 - 3,8	% C
1,1 - 2,5	% Si
0,3 - 0,9	% Mn
≤ 0,05- 0,30	% P
0,03- 0,15	% S

Zur Eigenschaftsverbesserung werden Legierungszusätze gemacht, wobei insbesondere folgende Elemente in den nachstehenden Grenzen Verwendung finden:

0,2 - 0,6	% Cr
0,2 - 2,0	% Ni
0,2 - 1,5	% Cu
0,2 - 0,8	% Mo

Wie aus Tafel 1 ersichtlich ist, werden diese Legierungszusätze meist in Mehrfachkombination verwendet. Manchmal wird auch noch mit geringen Gehalten von Vanadin[4], Titan[100] und

Zinn [107] legiert.

2.2 Gusseisen mit Kugelgraphit (GGG)

Da bei Gusseisen mit Kugelgraphit infolge der kugeligen Graphitausbildung die Eigenschaften vorwiegend durch das metallische Grundgefüge bestimmt werden, liegt dessen Zusammensetzung gegenüber GGL in wesentlich engeren Grenzen von etwa:

% C	3,4 - 3,8
% Si	2,0 - 2,5
% Mn	<0,1 - 0,6
% P	< 0,10
% S	< 0,01

Zur Erreichung der kugeligen Graphitausbildung ist ein Mg-Gehalt von 0,04 - 0,06 % im Eisen notwendig.

An Legierungszusätzen kommen allgemein in Frage:

bei ferritischem GGG zur Verbesserung der Warmfestigkeit bis zu 0,5 % Mo

bei perlitischem GGG zur Verbesserung der mechanischen Eigenschaften Zusätze von:

Nickel	bis	2 %
Kupfer	bis	2 %
Sn	bis	0,05 %
Mo	bis	0,5 %

Die nur wenigen Literaturangaben über die Zusammensetzung von Gusseisen mit Kugelgraphit für Zylinderdeckel enthält Tafel 2.

2.3 Gusseisen mit Vermiculargraphit (GGV)

Die Grundzusammensetzung dieser Gusseisensorte ist ähnlich der von GGG.

Zur Erreichung der wurmförmigen Graphitausbildung enthält das Eisen entweder geringe Zusätze an Cer-Mischmetall allein[120)121)] oder kombiniert mit Magnesium und Titan[133)134)143)236)].

Die bisher für Zylinderdeckel gebräuchlichen Zusammensetzungen enthält Tafel 3.

Über den Einfluss von Legierungszusätzen liegen nur wenige Angaben vor[121) 133)]. Entsprechende Untersuchungen sind jedoch im Laufen[214)].

3 Beanspruchungsverhältnisse am Zylinderdeckel

Beim Motorbetrieb entsteht im Verbrennungsraum Wärme, die zu einem erheblichen Teil über den Zylinderkopf an das Kühlwasser abgeführt werden muss, wodurch in den Zylinderkopfwänden ein Temperaturgefälle herrscht. Bei vereinfachter Betrachtung [212)] ist ein Zylinderkopf ein kastenförmiger Deckel, der die Zylinderräume durch entsprechende Verschraubungen dicht abschliesst. Dadurch wird die freie Wärmeausdehnung behindert und es entstehen Wärmespannungen, eine spezifische Beanspruchungsform dieses Bauteiles. Infolge ungleicher Temperaturverteilung, je nach Betriebszustand wechselnder Temperaturhöhe sowie konstruktiv bedingter unterschiedlicher Wanddicken sind die Gradienten nicht an allen Stellen gleich und die resultierenden Spannungen daher verschieden hoch. Bei grossen Temperaturdifferenzen und steifer Konstruktion können diese Spannungen bleibende Verformungen und letztlich auch Werkstoffrisse hervorrufen. Thermisch am höchsten belastet sind die Stege zwischen den Ventilsitzen und an den Einspritzöffnungen. Diese thermische Belastung nimmt mit dem Zylinderdurchmesser und der Aufladung zu [82].

Nach übereinstimmenden Angaben sind die Wärmespannungen die Hauptbelastung eines Zylinderdeckels [1)12)80)82)84)85)94)103)104) 118)141)156)157)158)]. Sie stellen zusammen mit den schwellenden Belastungsspannungen durch den Zünddruck und den Verschraubungsvorspannungen die Betriebsspannungen dar. Hiezu kommen noch eventuell im Gussstück vorhandene Gusseigenspannungen, die in nicht spannungsfrei geglühten Zylinderköpfen nach K. Bandow u. Ch.W. Fabry [210] bis zu 50 N/mm^2 (Zugspannung) betragen können und besonders in den Kanalwänden gefährlich sind.

Da die Messung der Spannungsverteilung an einem Zylinderdeckel äusserst schwierig ist, gibt es über die Grösse der Wärmespannungen nur wenige in den Tafeln 4 und 5 zusammengestellte Angaben, die sich alle auf Graugusszylinderdeckel beziehen.

Wie man sieht, schwanken die gemessenen Restzugspannungen je nach Werkstoff und Belastung im Motor erheblich, erreichen jedoch Spitzenwerte von über 220 N/mm^2, was nahe an die statische Zugfestigkeit üblicher Graugusswerkstoffe herankommt und weit über der Dauerfestigkeit höchstfester Graugusssorten liegt.

R. Bertodo u. T.J. Carter[141] haben an einem wassergekühlten Zylinderkopf eines aufgeladenen 4-Takt-Diesels mit 320 mm Bohrung und 500 Upm folgende Spannungen im kritischen Steg zwischen den Auslassventilen ermittelt:

Thermische Spannungen	- 284	N/mm^2	Druck
Zünddruckspannungen	- 18	N/mm^2	Druck
Schraubenvorspannung	- 19	N/mm^2	Druck
Düsenhaltervorspannung	+ 21	N/mm^2	Zug
Ventilsitzringspannungen	+ 22	N/mm^2	Zug

Die Stegtemperatur, bei der diese Spannungen auftreten, ist nicht angegeben.

Die Belastungsspannungen durch den Gasdruck sind bei kleinen Bohrungs-Ø vernachlässigbar klein[1) 118) 156)] und liegen nach K. Pattas [84)] und auch nach R. Bertodo[141)] um eine Zehnerpotenz niedriger als die Wärmespannungen.

Demgegenüber gibt R. Maciotta für einen GMT-Motor (420 mm Bohrung, 500 mm Hub, 450 Upm, $p_e = 18\,kp/cm^2$) die durch den Gasdruck verursachten Druckspannungen im Zylinderdeckel mit 10 - 15 kp/mm^2 an. Die Schraubenvorspannung ergab Zugspannungen von ca. 5 kp/mm^2 [94)].

Die thermischen Spannungen ergeben sich beim instationären (Anfahren, Laständerung, Abstellen) und stationären (Teil- oder Vollastbetrieb) Motorbetrieb. Ein Kühlschock kann eine mehr als 50 %ige Spannungsüberhöhung [1)] verursachen. Die periodischen Gastemperaturschwankungen im Brennraum von 1600 bis 2000°C durch die Arbeitsspiele des Motors führen nur zu unbeträchtlichen Temperaturschwankungen von 10-20°C an der gasberührten Innenwand[1) 118)], was für die Wärmespannungen unbedeutend ist.

Neben der Spannungsbelastung ist die Oberflächenzone der Heizplatte des Zylinderkopfes einer sehr hohen Temperaturbelastung ausgesetzt. N. Janakiev und M. Andreev[74)] sowie L.W.L. Smith u. Mitarb.[103)] haben Oberflächentemperaturen von 650 - 700°C gemessen. Nach [74] wurden 1 mm unter der Oberfläche noch 540°C und 2 mm unter der Oberfläche noch 450°C registriert.

Die Stegtemperaturen der heutigen Hochleistungsmotoren liegen bei mittleren Nutzdrucken von 18 kp/cm^2 und darüber bereits weit über der 300°C-Grenze (335°C[94], 350°C[85], 375°C[88], 380°C[104]) und damit knapp an bzw. teilweise schon über der Rissgrenze, die nach praktischen Erfahrungen mit 350 - 400°C angegeben wird[103] [104] [157], d.h. der Zylinderdeckelwerkstoff wird in diesen Fällen bereits im Zeitfestigkeitsbereich beansprucht.

Den Mechanismus der thermischen Ermüdung hat A. Dearden schon im Jahre 1962[106] mit Hilfe eines Modellversuches nach Bild 1 sehr gut beschrieben. Wird der in Bild 1a gezeigte Mittelsteg erwärmt und wird seine Wärmeausdehnung durch den umgebenden Rahmen vollständig unterdrückt, so werden sich im Steg mit zunehmender Erwärmung Druckspannungen aufbauen. Im Spannungs-Verformungs-Diagramm nach Bild 1b (das an einem Gusseisen mit einer Festigkeit von 280 N/mm^2 bei Raumtemperatur zu Demonstrationszwecken aufgenommen wurde) entspräche das bei der erstmaligen Erwärmung dem Kurvenzug OA. Je nach Höhe der Temperatur und damit der Druckspannung sowie der Höhe der Warmstreckgrenze des Werkstoffes kommt es dabei zu mehr oder weniger deutlich ausgeprägter plastischer Verformung im Druckbereich, d.h. zu einer Stauchung des Steges. Bei der folgenden Abkühlung wird sich der Steg um denselben Betrag zusammenziehen, um den er sich vorher ausgedehnt hat. Die bei hoher Temperatur aufgetretene plastische Verformung ist jedoch bei niedriger Temperatur infolge Unterschreitung der Warmstreckgrenze irreversibel, so dass bei Erreichen der Nullspannung im Punkt B die Kontraktion noch nicht abgeschlossen ist. Der Steg verkürzt sich weiter bis Punkt C und erfährt dabei eine Zugspannung vom Betrag OC, die sogenannte thermische Restspannung.

Wird nun in einem weiteren Zyklus auf die gleiche Temperatur wie vorher erwärmt, so wird die Spannung im Steg der Kurve CDA und bei anschliessender Abkühlung der Kurve ABC folgen. Je nach Höhe der Temperaturbeanspruchung und der Haltedauer wird die plastische Verformung im Druckbereich auch von Kriechvorgängen in dieser Phase bestimmt, die bei fast gleichbleibender Stauchung zu einer Druckspannungsrelaxation führen, was in Bild 1b durch die Strecke AE schematisch angedeutet ist. Die Abkühlungsspannungen werden dann von E über F nach G verlaufen und zu einer höheren Restzugspannung führen, als ohne Kriechen während der Halteperiode. Beim Wiedererwärmen wird die Kurve ähnlich wie CDA verlaufen und zwischen A und E enden, je nach der stattgefundenen Verfestigung und den Aufheizbedingungen. Die Breite BD der Hystereseschleife ABCDA stellt den Betrag der plastischen Wechselverformung dar, der vom Werkstoff bei jedem Temperaturzyklus ertragen werden muss. Überschreitet dieser Betrag eine kritische Grösse, in Abhängigkeit von der Lastwechselzahl, dann tritt der Bruch ein. Ebenso zum Bruch kommt es, wenn die Restzugspannungen (Abkühlungsspannungen) eine kritische Grösse überschreiten. Diese kritische Zugspannung ist bei nur 1 Lastwechsel die Zugfestigkeit und mit zunehmender Anzahl von Lastwechseln die Zeitfestigkeit- bzw. die Dauerfestigkeitsgrenze des Werkstoffes.

Das aufgezeigte Schema lässt den grossen Einfluss der Anzahl der Belastungszyklen sehr deutlich werden. Vergleicht man beispielsweise zwei gleiche Motoren, deren Zylinderköpfe gleich hohe maximale Arbeitstemperaturen aufweisen, von denen der eine Motor im stationären Betrieb und der andere als Strassenfahrzeugmotor arbeiten würde, dann wäre bei letzterem durch den viel häufiger wechselnden Start-Stop-Zyklus ein Ausfall eher zu erwarten als bei dem stationär betriebenen Vergleichsmotor. Den praktischen Beweis lieferte A. Dearden[106)] bei der Prüfung von Zylinderköpfen aus Gusseisen mit Kugelgraphit am Versuchsmotor: während im Dauerlaufbetrieb mit Vollast Stegrisse erst nach mehr als 1000 Stunden auftraten, führten bei intermittierender Betriebsweise auftretende Risse schon nach weniger als 40 Std. zum Ausfall der Zylinderköpfe.

Wie man sieht, hängt die thermische Belastbarkeit eines Werkstoffes nicht allein von der max. ertragbaren Temperatur, sondern in ganz entscheidendem Ausmass auch von der Anzahl der Temperaturzyklen ab. Man sieht auch, dass für die verschiedenen Verwendungszwecke, wie beispielsweise Kfz-Motoren auf der einen und Schiffsmotoren auf der anderen Seite, an den Werkstoff ganz andere Anforderungen gestellt werden.

Für hohe Beständigkeit gegen thermische Beanspruchung sollten folgende Werkstoffeigenschaften verlangt werden[68)106)248)]

1) hohe Wärmeleitfähigkeit, um grosse Temperaturgradienten zu vermeiden
2) niedrige Wärmeausdehnung, um hohe Spannungen zu vermeiden
3) niedriger E-Modul und hohe Elastizitätsgrenze, d.h. hohes elastisches (reversibles) Dehnvermögen, um die Restspannungen gering zu halten
4) hohe Warmstreckgrenze
5) niedriges Kriechverhalten unter Druckbelastung bei 400 °C
6) hohe Dauerwechsel- bzw. Schwellfestigkeit mit hoher elastischer Dehnungsschwingbreite und niedrigem dynamischem E-Modul auch im Bereich bis 400 °C
7) hohe Gefügestabilität bei maximaler Betriebstemperatur

8) ausreichendes plastisches Verformungsvermögen, um örtliche Spannungsspitzen abbauen zu können
9) ausreichend hohe mechanische Festigkeit, auch bei höherer Temperatur
10) ausreichende Härte

Es ist schwer möglich, alle diese Forderungen in einem Werkstoff zu vereinigen und es wird daher immer, dem speziellen Anwendungsfall entsprechend, eine Kompromisslösung gesucht werden müssen.

Im folgenden sollen die heute erreichbaren Werkstoffeigenschaften der für Zylinderdeckel verwendeten Gusseisenwerkstoffe vergleichend dargestellt werden.

4. Gefügeausbildung sowie mechanische, physikalische und thermische Eigenschaften der Gusseisenwerkstoffe für Zylinderdeckel (GGL, GGG, GGV).

In diesem Abschnitt werden die heute erzielbaren Eigenschaften unlegierter und legierter Gusseisenwerkstoffe für Zylinderdeckel vergleichend dargestellt.

4.1 Gefügeausbildung

Bevor auf die Eigenschaften näher eingegangen wird, erscheint es zweckmässig, kurz auf die Gefügeausbildung einzugehen, da diese die Eigenschaften wesentlich beeinflusst.

Die Bilder 2, 3 und 4 zeigen das Mikrogefüge der drei Werkstoffe GGL, GGG und GGV. Bildteil a) stellt jeweils ein ebenes Schliffbild dar, Bildteil b) gibt das räumliche Bruchgefüge nach einem statischen Zugversuch wieder.

Bei GGL werden die Eigenschaften in überwiegendem Maße vom Kohlenstoffgehalt (von der Graphitmenge, -form und -verteilung) sowie auch vom Grundgefüge beeinflusst. Bei den duktilen Gusseisenwerkstoffen GGG und GGV werden die Eigenschaften vorwiegend vom Grundgefüge (Ferrit-Perlit-Verhältnis) bestimmt, während der Kohlenstoffgehalt nur wenig verändert wird. Dies zeigt sich schon in den Zusammensetzungsbereichen (vgl. Abschnitt 2) und kommt in Bild 5 deutlich zum Ausdruck.

Form, Anordnung und Grösse der Graphiteinlagerungen werden nach den "Richtreihen zur Kennzeichnung der Graphitausbildung" des VDG[19] beurteilt (Bilder 6 bis 8).

Für GGL ist Form I (Bild 6), Anordnung A (Bild 7) und Grösse 3 bis 5 (Bild 8) anzustreben. Für GGG soll Form VI (Bild 6), Grösse 5 und 6 (Bild 8) erreicht werden.

Die Graphitform bei GGV soll der Form III nach Bild 6 und etwa der Grösse 4 und 5 nach Bild 8 entsprechen.

Die den Richtzahlen zugehörige wahre Abmessung der Graphitteilchen ist Tafel 6 zu entnehmen.

Das Grundgefüge aller für Zylinderdeckel verwendeten GGL-Sorten muss vollkommen perlitisch sein, wobei ein möglichst feinstreifiger Perlit anzustreben ist.

GGG und GGV kommen mit ferritischem Grundgefüge zum Einsatz. In seltenen Fällen wird auch GGG perlitisch verwendet.[96]
Bei allen drei Werkstoffen muss das Grundgefüge frei von Zementit bzw. Karbiden sein, weil sonst sowohl die Bearbeitbarkeit als auch die mechanischen (z.B. Dehnung und Zähigkeit) und physikalischen Eigenschaften (z.B. Wärmeleitfähigkeit) erheblich verschlechtert werden.
Der eigenschaftsverbessernde Einfluss der später noch zu besprechenden Legierungszusätze wirkt überwiegend über eine Verfeinerung bzw. Verfestigung des Grundgefüges.

4.2 Mechanische Eigenschaften

4.2.1 Gusseisen mit Lamellengraphit GGL

4.2.1.1 Zugfestigkeit und Härte bei RT

Für die Beurteilung der mechanischen Eigenschaften von GGL werden in erster Linie Zugfestigkeit und Härte herangezogen. Diese Eigenschaften werden von der Grundzusammensetzung bestimmt und sind vor allem vom Kohlenstoffgehalt (Menge, Form, Anordnung und Grösse der Graphitteilchen) abhängig. Da die Grösse der Graphitteilchen von der Abkühlungsgeschwindigkeit des Gussstückes beeinflusst wird, sind die mechanischen Eigenschaften von GGL stark wanddickenabhängig, was im bekannten Grauguss-Diagramm[73)] nach Bild 9 zum Ausdruck kommt. Eine im Bereich höherer Festigkeiten über 300 N/mm² verbesserte und zu grösseren Wanddicken erweiterte Fassung gibt J. Czikel[99)] (Bild 10).

Für die Umrechnung von Festigkeitseigenschaften an Rundproben auf reale Gussstücke gilt näherungsweise:

Wanddicke = 1/2 Probestabdurchmesser

Die an einem Probestab mit 30 mm Ø ermittelte Festigkeit entspricht daher etwa der in einem Gussstück mit 15 mm mittlerer Wanddicke zu erwartenden Festigkeit.

Gusseisen mit Lamellengraphit ist in DIN 1691 in 7 Qualitätssorten eingeteilt, die auf der Zugfestigkeit von Zugproben aus getrennt gegossenen Probestäben mit einem Rohguss-Ø von 30 mm fussen. Die Normmindestwerte für diese Sorten sowie weitere mechanische und physikalische Eigenschaften gehen aus Tafel 7[46)] hervor.

Bevor auf die Eigenschaften näher eingegangen wird ist es zweckmässig, die üblichen Bewertungskenngrössen für Gusseisen mit Lamellengraphit voranzustellen.

Die Zugf**estigkeit** hängt stark von der Grundzusammensetzung, ausgedrückt durch den Sättigungsgrad S_c sowie von der Wanddicke ab. Der Sättigungsgrad errechnet sich zu:

$$S_c = \frac{\%\ C\ ges}{4{,}23-0{,}3\ (\%\ Si + \%P)}$$

Für den Vergleich von Gusseisen verschiedener Zusammensetzungen werden häufig der Reifegrad RG und die relative Härte RH[28] benutzt. Im Reifegrad

$$RG = \frac{\sigma_B\ (kp/mm^2)}{102 - 82{,}5 . S_c} . 100\%\ \text{bzw.}\ RG = \frac{\sigma_B\ (N/mm^2)}{1000 - 809 . S_c} . 100\ \%$$

wird die gemessene Zugfestigkeit in % einer für den 30 mm-Probestab statistisch in Abhängigkeit vom S_c-Wert errechneten Normalzugfestigkeit (σ_{BN} = 102 - 82,5 . S_c in kp/mm^2 bzw. σ_{BN} = 1000 - 809 . S_c in N/mm^2) ausgedrückt. Mit steigender Zugfestigkeit steigt im allgemeinen auch die Härte. Meist ist eine hohe Zugfestigkeit und möglichst niedrige Härte erwünscht. Für einen Vergleich wird häufig die Relative Härte herangezogen

$$RH = \frac{HB_{gemessen}}{100 + 4{,}3 . \sigma_B\text{-gemessen}\ (kp/mm^2)}\ \text{bzw.} = \frac{HB_{gemessen}}{100 + 0{,}44 . \sigma_B\ \text{-gemessen}\ (N/mm^2)}$$

die die gemessene Brinellhärte einer statistisch ermittelten Normalhärte für diese Zugfestigkeit (30 mm Probestab) gegenüberstellt.

In der Praxis schwankt der Reifegrad üblicherweise von etwa 80 bis 150 % und darüber, die Relative Härte im Bereich von etwa 0,9 bis 1,3[10]. Obwohl die Aussage relativer Kenngrössen wertvoll ist, eignen sich für die Praxis in der Regel absolute Kennziffern besser. Eine derartige absolute Beurteilungskenngrösse ist der Zugfestigkeits-Härte-Quotient[10)23)], der direkte Messwerte miteinander kombiniert und etwa zwischen 0,10 bis 0,15 bei Zugfestigkeitsangabe in kp/mm^2 bzw. zwischen 1,00 bis 1,50 bei Zugfestigkeitsangabe in N/mm^2 variiert werden kann[10)]. Ein hohes Zugfestigkeits-Härte-Verhältnis ergibt bei gleicher Zugfestigkeit ein spezifisch weicheres Eisen, das sich für dynamische Beanspruchung, wie dies bei Zylinderdeckeln der Fall ist, besser eignen wird als ein spezifisch hartes Eisen, das z.B. bei überwiegender Verschleissbeanspruchung Vorteile bieten wird.

Einen Vergleich des Einflusses der Hauptlegierungselemente bei GGL zeigt Bild 11. Mit V, Mo und Cr lassen sich die höchsten Festigkeitssteigerungen erzielen. Der Abfall der Zugfestigkeit bei Vanadin- und Chromzusatz nach Überschreiten eines bestimmten Gehaltes wird durch das Auftreten freier Karbide verursacht, weshalb auch die Härte weiter ansteigt. Diese Elemente können daher nur bis zu dem Gehalt ausgenutzt werden, bei dem keine freien Karbide auftreten. Kupfer kann nur bis zu seiner Löslichkeitsgrenze von 3 bis 3,5 % zugegeben werden. Bei GGL ist die Zugfestigkeitssteigerung umso grösser, je niedriger der Kohlenstoffgehalt bzw. der Sättigungsgrad sind, d.h. je weniger sich der Einfluss des Graphits bemerkbar macht.

Die Steigerung der Zugfestigkeit lässt sich nach Bild 12 mit Hilfe von Legierungsfaktoren[153)] annähernd errechnen. Wenn auch die Genauigkeit derartiger Berechnungen mit $\pm$ 15 %[2)] nicht allzu gross ist, so ist doch eine tendenzmässige Abschätzung möglich. Man sieht auch, dass die durch Legieren erreichbare Zugfestigkeit umso höher ist, je hochwertiger das Ausgangseisen bereits ist[75)]. Zur Erzielung optimaler Wirkung sollte deshalb bei Gusseisensorten mit hohem Sättigungsgrad auf hohen Reifegrad geachtet werden, bevor diese legiert werden. Das Diagramm zeigt ausserdem sehr deutlich die Wirkung von Legierungskombinationen auf. Die Zugfestigkeitssteigerung durch V, Mo und Cr ist durch deren hohe Karbidbildungsneigung, die mit steigendem Zusatz zunimmt, stark eingeengt. Eine Kompensation der karbidstabilisierenden Wirkung durch Silicium ist nicht möglich, da dadurch der Sättigungsgrad erhöht und die Festigkeit des Basiseisens erniedrigt wird. Am besten ist eine Kombination mit den schwach graphitisierenden Elementen Cu und/oder Nickel, die für sich allein die Festigkeit ebenfalls erhöhen und in Verbindung mit den anderen Elementen sogar multiplikativ wirken. Häufig werden hierbei auch Drei- und Mehrfachkombinationen verwendet, wie auch aus Tafel 1 hervorgeht. Werden Cu und/oder Ni zur Kompensation der karbidstabilisierenden Eigenschaft von V, Cr und Mo-Zusätzen verwendet, so muss deren Zusatz mindestens das 3- bis 4-fache des Gehaltes des zu kompensierenden Elementes (z.B. Cr) betragen. Dies lässt sich aus den relativen Graphitisierungsfaktoren (bezogen auf Si = 1) der Tafel 15[33] ableiten, die nach verschiedenen Angaben zusammengestellt ist. Die zum Teil unterschiedlichen Werte der verschiedenen Autoren sind teils auf verschiedene Probeformen, teils auf die für die Untersuchungen verwendeten unterschiedlichen Ausgangseisen zurückzuführen. Obwohl Nickel und Kupfer etwa die gleiche Wirkung haben, ist nach H. Mayer[109] ein gleichzeitiger Zusatz von Nickel und Kupfer günstig, weil Ni die Löslichkeit für Cu in Gusseisen erhöht.

Einen vergleichenden Überblick über die mit verschiedenen Legierungskombinationen erreichbaren Eigenschaften geben die Tafeln 8 bis 12. Zur vollständigen Perlitisierung und zur Erzielung einer gleichmässigen Härte bei unterschiedlichen Wanddicken werden im Motorenguss auch Zinnzusätze in der Grössenordnung bis etwa 0,1 % verwendet. Während die Zugfestigkeit nach Erreichen eines vollständig perlitischen Gefüges nicht weiter ansteigt, nimmt die Härte weiter geringfügig zu.

Während der Zeit der Molybdänknappheit wurde versucht, Mo durch Wolfram zu ersetzen[48) 111)]. Wolfram wirkt in Gusseisen perlitisierend und erhöht Zugfestigkeit und Härte ähnlich wie Molybdän, jedoch nicht ganz in gleich starkem Ausmass. Es kommt jedoch derzeit als Legierungszusatz kaum in Frage.

Weitere detaillierte Darstellungen über den Einfluss von Legierungselementen geben K. Röhrig und D. Wolters[2)].

Bild 13 zeigt die an Zylinderköpfen verschiedener Zusammensetzung erzielten Härtewerte[33)]. Die im getrennt gegossenen 30 mm -Probestab gemessenen Härten sind kein zuverlässiger Indikator für die Härte im Gussstück selbst. Die Probestabhärte liegt zum Teil erheblich höher. Die verschiedenen Legierungskombinationen ergeben eine beträchtliche Härtesteigerung. Die höchste Härte wird erwartungsgemäss durch Zusatz von Chrom und Molybdän erreicht. Die Streuung von etwa 10 Brinelleinheiten in den verschiedenen Teilen des Zylinderkopfes und im Probestab ist tragbar. Günstige Kombinationen in bezug auf die Gleichmässigkeit sind Mo-Cu, Mo-Ni und Mo-Sn. Die in Bild 13 für die Härte aufgezeigten Unterschiede zwischen Probestab und Gussstück sind grundsätzlich auch für die Festigkeitseigenschaften zu erwarten. Das Beispiel zeigt die Problematik der Probenbewertung auf. Für eine wirkungsvolle Qualitätskontrolle ist es daher notwendig, den Unterschied zwischen Proben- und Gussstückeigenschaften möglichst genau zu kennen. Über die Wanddickenabhängigkeit einiger legierter Zylinderkopf-Gusseisen gibt Bild 14 Auskunft[102)].

4.2.1.2 Bruchdehnung bei RT

Lange Zeit galt Gusseisen mit Lamellengraphit als spröder Werkstoff, der bei Überbelastung verformungslos bricht. Über die Bruchdehnung ist daher auch im Schrifttum wenig berichtet worden. H. Gries und Mitarb.[42] fanden an streifig-perlitischem, unlegiertem GGL im Gusszustand mit 2,8 - 3,2 % C, 1,3 bis 3,1 % Si, 0,6 bis 0,9 % Mn, 0,1 bis 0,3 % P und 0,11 bis 0,14 % S Bruchdehnungswerte von 0,5 bis 1 %. Der niedrigste Wert wurde bei hohem Si-Gehalt gemessen. E. Nechtelberger[70] ermittelte an den unlegierten Normqualitäten GG 15 bis GG 30 Bruchdehnungswerte von 0,3 bis 0,8 %. Seit von Seiten der Konstrukteure besonders in zunehmendem Maße nicht nur höhere Festigkeiten von 300 N/mm^2 und mehr, sondern auch Dehnungswerte über 1 % gefordert werden, ist man bemüht, auch perlitische Sondergusseisen mit erhöhter Bruchdehnung herzustellen[25][26][27][109][110].

Die Forderung nach höherer Dehnung ergibt sich aus der Tatsache, dass die im Betrieb brechenden Gussstücke meist durch Ermüdungsbrüche ausfallen. Wenn auch dabei eine äusserliche Formänderung nicht sichtbar ist, so weisen doch die praktischen Erfahrungen darauf hin, dass die Sicherheit gegen Ermüdungsbrüche mit grösserer Dehnbarkeit des Gusseisens zunimmt. Wahrscheinlich deshalb, weil Spannungsspitzen örtlich abgebaut und zusätzliche Spannungen, wie z.B. durch Zwangsverformung bei der Montage, zumindest teilweise verkleinert werden können[109].

Für ein normales Gusseisen mit einer Zugfestigkeit von 250 bis 350 N/mm^2 liegen die Bruchdehnungswerte in der Regel bei 0,7 bis 0,8 %. Für ein hochfestes GGL mit einer Zugfestigkeit von 350 N/mm^2 fanden H. Gries und Mitarb.[42] Werte bis 1,05 %. Beim zähen Gusseisen liegt die Bruchdehnung wesentlich höher. Bei einer Zugfestigkeit von ebenfalls 350 N/mm^2 und einem C-Gehalt von 3,05 % erhielten A. Collaud und J.C. Thieme[27] beispielsweise Dehnungswerte im Gusszustand von 2,4 % (Bild 15).

Bei gleicher Zugfestigkeit weist hochfestes zähes Gusseisen gegenüber normalem Gusseisen etwa um 30 HB-Einheiten niedrigere Härtewerte auf[26) 27)].

Dieses zähe Gusseisen wird dadurch erreicht, dass Ausgangsstoffe mit maximaler Reinheit, insbesondere mit niedrigen Gehalten an Silicium, Phosphor, Schwefel und karbidstabilisierenden Elementen verwendet werden. Durch die weitgehende Freiheit von Störelementen kommt es zu einer besseren Ausbildung der Graphitlamellen, die besonders an ihren Enden nicht mehr spitz, sondern gerundet auslaufen. Die Sauberkeit der metallischen Grundmasse, die ausserdem frei von Phosphid- und Sulfideinschlüssen ist und die verringerte Kerbwirkung der gerundeten Graphitlamellen führen zu einer besseren Verformbarkeit, wodurch dieses Gusseisen besser in der Lage ist, auftretende Spannungsspitzen abzubauen. Durch Zusatz geeigneter Legierungselemente mit dem Eisen ähnlichen Atomdurchmessern, im besonderen Kupfer, Nickel und Molybdän, können Festigkeit und Dehnung zäher Gusseisensorten weiter erhöht werden[111)].

Ein Cu-Ni-Mo-legiertes,hochfestes,zähes Gusseisen wird bei Gebr. Sulzer für Zylinderdeckel mit Erfolg eingesetzt[109)]. Die eingestellte Zusammensetzung und die an 30 mm-Probestäben erzielten Festigkeits- und Härtewerte sind in Tafel 13 zusammengestellt. Der Autor weist darauf hin, dass an zugehörigen Zylinderdeckeln an verschiedenen Stellen entnommenen Proben ebenfalls Zugfestigkeiten von 340 bis 400 N/mm^2 und Bruchdehnungswerte von über 1 % (Gesamtdehnung $>$ 1,3 %, bleibende Dehnung $>$ 1 %) erreicht worden sind. Besonders hervorzuheben ist, dass die erzielten hohen mechanischen Werte mit einem hohen C-Gehalt von 3,5 % erreicht werden, der, wie später noch besprochen werden wird, auch eine gute Temperaturwechselfestigkeit erwarten lässt. Dies umso mehr, als auch die Wärmeleitfähigkeit durch den niedrigen Si-Gehalt günstig beeinflusst wird.

4.2.1.3 Druckfestigkeit und Stauchung bei RT

Die Druckfestigkeit von GGL beträgt ein mehrfaches der Zugfestigkeit. Bei unlegierten Gusseisen beträgt das Verhältnis Druckfestigkeit/Zugfestigkeit etwa 4 bei GG 15 und 3 bei GG 30[69)70)]. Das Verhältnis nimmt mit zunehmender Festigkeit meist ab und nähert sich, vor allem bei Zugfestigkeiten über 300 N/mm^2 dem Wert 2[2)].

Ähnlich wie die Zugfestigkeit wird auch die Druckfestigkeit durch den Zusatz von Legierungselementen erhöht. Die Wirkung erfolgt ausschliesslich über eine Festigkeitssteigerung der metallischen Grundmasse. Die karbidstabilisierenden Elemente haben hier den grössten Einfluss. 0,1 bis 0,3 % V erhöhen die Druckfestigkeit um 10 bis 20 %, 0,5 % Cr um rd. 16 % und 0,5 % Mo um etwa 30 %. Ni und Cu erhöhen die Druckfestigkeit nur geringfügig. Ebenso wie bei unlegiertem Gusseisen wird das Druckfestigkeits-Zugfestigkeits-Verhältnis auch bei den legierten Gusseisen mit steigender Festigkeit geringer.

Das Verformungsverhalten von GGL unter Druckbeanspruchung ist um mehr als eine Grössenordnung besser als unter Zugbeanspruchung. Für unlegiertes Gusseisen hat nach E. Nechtelberger[70)] ein GG 15 eine Bruchstauchung von etwa 9 %, ein GG 30 rd. 15 % (Bild 16). Angaben über den Einfluss von Legierungszusätzen auf die Druckverformbarkeit konnten im Schrifttum nicht gefunden werden und wären auch für eine Werkstoffbewertung von nur geringer Bedeutung, da das ohnehin hohe statische Verformungsvermögen unter Druck im statischen Belastungsfall nicht ausgenutzt werden kann und bei dynamischer Belastung nicht zum Tragen kommt.

4.2.1.4 Kriechverhalten von GGL unter Zug- und Druckbelastung bei RT

Obwohl in einzelnen grundlegenden Arbeiten über das Verformungsverhalten von Gusseisen Hinweise auf ein Kriechen von GGL bereits bei RT zu finden sind, standen bisher genaue Untersuchungsergebnisse nicht zur Verfügung, so dass in Kreisen der Gussverbraucher häufig immer noch die Meinung vertreten wird, dass GGL ein spröder Werkstoff ist, der bei Belastung unterhalb der Bruchgrenze bei RT auch über lange Zeit hinweg keine Verformung oder ein Nachlassen der zu ertragenden Spannungen erleidet. Aus neueren Untersuchungen von E. Nechtelberger[69)70)] geht jedoch hervor, dass bei allen GGL-Qualitäten bei längeren Beanspruchungen bei gleicher Belastung erhebliche plastische Verformungen (Kriechen) auftreten, wenn die Belastungsspannungen über 30 - 35 % der Zugfestigkeit bzw. über 20 bis 25 % der Druckfestigkeit hinausgehen. Die durch Kriechen verursachten bleibenden Verformungen wachsen mit steigenden Spannungen im Zuggebiet stärker als im Druckgebiet. Derartige Beanspruchungen treten mit zunehmender Tendenz zur Werkstoffauslastung im heutigen Maschinen- und Motorenbau schon häufig auf, weshalb auch die belastungs- und zeitabhängige plastische Kriechverformung bereits vom Konstrukteur berücksichtigt werden sollte. Hierfür wurden für die unlegierten GGL-Qualitäten GG 15, 20, 25 und 30 für 20 und 60 mm Wanddicke erstmals Kriechdiagramme aufgestellt, aus denen in Abhängigkeit von der Belastung die für verschiedene Belastungsdauern bis zu 10^4 Stunden zu erwartende Kriechverformung entnommen werden kann. Das Raumtemperatur-Kriechverhalten unter Zug- und Druckbeanspruchung von GG 20 und GG 30 (20 mm Wanddicke) zeigen die Bilder 17 bis 20. Die Zusammensetzung der untersuchten Gusseisensorten gibt Tafel 14 wieder. Soll ein Konstruktionsteil von Anfang an formstabil und kriechfest sein, so kann dies durch entsprechende Qualitätsauswahl und Belastungsbeschränkung, bei höheren Belastungsgraden über 35 % der Zug- bzw. über 25 % der Druckfestigkeit durch zusätzliches "mechanisches Trainieren", d.h. durch mehrmalige Vorbelastung auf die Grenzen der späteren Betriebsanstrengung (vermehrt um einen Sicherheitsbetrag) erreicht werden. Wie aus Bild 21 hervorgeht, wird bereits bei der 1. Belastung der Hauptanteil der plastischen Verformung vorweggenommen und weitere Belastungen verlaufen dann nahezu elastisch. Während der 1. Belastungsphase ist, wie Bild 22 zeigt, auch der Kriechbetrag am grössten und nimmt mit jedem weiteren Belastungszyklus deutlich ab. Für eine weitgehende Stabilisierung eines Bauteiles sind nach E. Nechtelberger[70)] etwa 5 bis 10 Vorbelastungen von 15 bis 20 min Belastungsdauer notwendig. Die maximale Belastungsgrenze, bis zu der optimales mechanisches Trainieren möglich ist, dürfte die Dauerfestigkeitsgrenze des Werkstoffes sein. Darüber hinaus ist im Bereich der Zeitfestigkeit bis knapp unter die Bruchfestigkeit eine Vorwegnahme der plastischen Verformung nur mehr beschränkt möglich, weil bei jedem weiteren Lastwechsel auch nach einer Trainierbehandlung mit einer, wenn auch nur geringen plastischen Verformung zu rechnen ist. Der Einfluss von Legierungszusätzen auf das RT-Kriechen wurde nicht untersucht. Es ist jedoch anzunehmen, dass alle festigkeitssteigernden Elemente auch das RT-Kriechverhalten proportional mit der Festigkeitszunahme verbessern.

4.2.1.5 Festigkeitseigenschaften bei höheren Temperaturen bis 500°C

4.2.1.5.1 Zug- und Druckfestigkeit sowie Härte

Die im üblichen Kurzzeitversuch ermittelte Zugfestigkeit von unlegiertem GGL bleibt mit über RT ansteigender Temperatur zunächst nahezu unverändert und erst bei etwa 370°C beginnt eine vorerst langsame und ab rund 450°C eine steile Abnahme, wie dies in den Bildern 23 und 24 zum Ausdruck kommt. Der Anstieg der Zugfestigkeit im Bereich um 300°C wird nicht immer beobachtet (vgl. Bild 26). Eine Erklärung hierfür steht noch aus.

Der bei Temperaturen über 400°C auftretende Festigkeitsabfall ist auf den einsetzenden Perlitzerfall zurückzuführen. Der im Perlit vorhandene Zementit (Fe_3C) wird bei dieser Temperatur bereits thermodynamisch instabil und zerfällt in Abhängigkeit von der Temperaturhöhe und der Dauer der Wärmebelastung in Ferrit und Graphit, wobei auch eine Volumsvergrösserung, das sogenannte Wachsen des Gusseisens, eintritt.

Ebenso wie die Festigkeit bei RT, so kann auch die Warmfestigkeit von Gusseisen durch Legierungselemente gesteigert werden, wobei das Molybdän die weitaus stärkste Einzelwirkung aller gebräuchlichen Elemente hat[59) 189)]. Durch geringe Cr-Zusätze kann diese Wirkung noch gesteigert werden, wie die Bilder 25 und 26 erkennen lassen. Die in Bild 25 nach einem Maximum wieder abfallenden Festigkeitswerte sind durch das Auftreten von Ledeburit bedingt. Dieses Maximum wird bei niedrigem Cr-Gehalt später erreicht. Bei gleichem Mo-Gehalt unter 1,2 % hat das chromreiche Eisen die höhere Warmfestigkeit und der Abfall zwischen RT und 427°C ist geringer.

Die günstige Wirkung des Chroms beruht darauf, dass es im Zementit des Perlits angereichert wird und diesen gegen den Zerfall zu Ferrit und Graphit schützt. Hierdurch bleibt die höhere Festigkeit und Härte des perlitischen Gefüges erhalten. Schon 0,2 bis 0,4 % Cr können hier bis etwa 550°C schützend wirken[2)]. Molybdän wirkt ähnlich, aber schwächer perlitstabilisierend. Seine Wirkung besteht vor allem darin, dass es die Festigkeit des Ferrits bei höheren Temperaturen steigert.

Kupfer und Nickel tragen nur wenig zur Perlitstabilisierung bei. Auch die durch diese Elemente hervorgerufene Verfestigung des Ferrits ist bei hohen Temperaturen wesentlich geringer als durch Mo. Sie sind jedoch oft notwendig zur Kompensation der karbidstabiliserenden Wirkung von Cr und Mo, da sie nicht wie ein erhöhter Si-Gehalt die Ferritbildung verstärken[189].

Zinn kann den Perlitzerfall zwar etwas verzögern, aber nicht verhindern, wie dies durch Cr möglich ist[2]. Ähnliches wird über Vanadin berichtet[2].

Auch bei Druckbeanspruchung liegt mit steigender Temperatur ein ähnliches Verhalten vor wie bei Zugbeanspruchung. Das in Bild 29 gezeigte, einzige in der Literatur vorhandene Versuchsergebnis stammt bereits aus dem Jahre 1926.

Die Verformungsfähigkeit nimmt sowohl bei Zug- als auch bei Druckbelastung mit steigender Temperatur zuerst langsam, im Bereich des Perlitzerfalls dann rascher zu (Bilder 24 und 30).
Eine wichtige Werkstoffkenngrösse für bei höheren Temperaturen unter Spannung stehende Bauteile ist die Warmstreckgrenze, die im englischen Schrifttum häufig als jene Spannung bezeichnet wird, bei der eine rasche Relaxation eintritt (precipitous relaxation line)[107]. Dieser Wert ist besonders für die Beurteilung des Temperaturwechselverhaltens interessant und wird dort näher besprochen. Wie aus Bild 31 entnommen werden kann, lässt sich diese Warmstreckgrenze durch entsprechendes Legieren, vorzugsweise mit Mo, entscheidend verbessern.
Die Festigkeit einiger kombiniert legierter GGL-Sorten bei erhöhten Temperaturen zeigen die Bilder 26 und 27.
Die Härte verhält sich, wie Bild 28 zeigt, bei steigender Temperatur ähnlich wie die Zugfestigkeit. Durch den einsetzenden Perlitzerfall beginnt die Härte bei Temperaturen über 450°C stark abzufallen[20] [189].

4.2.1.5.2 Kriechverhalten unter Zug- u. Druckbeanspruchung sowie Relaxationsverhalten

Zur Beurteilung der Eignung eines Werkstoffes für Bauteile, die bei höheren Temperaturen zum Einsatz kommen, wie dies Zylinderdeckel sind, genügt die im Kurzversuch ermittelte Warmzugfestigkeit nicht. Mit zunehmender Temperatur spielt auch die Belastungszeit eine wesentliche Rolle, vor allem dann, wenn der Werkstoff für längere Zeit der Beanspruchung bei hoher Temperatur unterliegt. Je nach dem Verwendungszweck kann die Dauer des Einwirkens der Belastung bei hoher Temperatur in sehr weiten Grenzen schwanken. Der bei Vollastbetrieb auftretende maximale Druckspannungszustand bei hoher Temperatur im Zylinderkopf eines Dieselmotors kann z.B. bei Kraftfahrzeugmotoren in einem Zeitintervall von einigen Minuten bis zu Stunden schwanken, bei Schiffs- oder stationären Motoren aber bis zu 100 Stunden und länger dauern, so dass Kriechverformungen auftreten können.

Für das Kriechen metallischer Werkstoffe ist, wie auch für die plastische Verformbarkeit im allgemeinen, das Wandern von Gitterfehlstellen, den sogenannten Versetzungen, verantwortlich. Der Mechanismus des Kriechens soll hier nur soweit angeschnitten werden, als er für das Verständnis der möglichen Massnahmen zur Verringerung der Kriechneigung notwendig ist. Eine ausführliche Erörterung der Zusammenhänge gibt z.B. H. Straube[59].

Eine entscheidende Rolle beim Kriechen der Werkstoffe bei höherer Temperatur spielt die Überwindung von die Versetzungsbewegung hemmenden Hindernissen durch Klettern der Versetzungen. Für diesen Vorgang ist das Vorhandensein einer ausreichenden Anzahl unbesetzter Gitterplätze (Leerstellen) notwendig, deren Transport zu den Versetzungen durch die Geschwindigkeit der Selbstdiffusion bestimmt wird. Diese ist damit entscheidend für die Kriechgeschwindigkeit des Werkstoffes, die mit zunehmender Temperatur steigt. Eine Erhöhung des Kriechwiderstandes kann dann erreicht werden, wenn die Versetzungsbewegungen verlangsamt oder überhaupt zum Stillstand gebracht werden können. Grundsätzlich kann dies durch eine Verminderung der Zahl der möglichen Gleitsysteme, durch Einbau von Gleithindernissen und durch die Erschwerung des Kletterns der Versetzungen, z.B. durch Verminderung der Leerstellenhäufigkeit, erfolgen. Da bei den Gusseisenwerkstoffen eine Beeinflussung des Kriechwiderstandes durch Verformung und Wärmebehandlung nicht in Frage kommt, kann hier nur die dritte und wichtigste Möglichkeit, die Änderung der chemischen Zusammensetzung durch Zulegieren geeigneter Elemente,genützt werden.

Das Kriechverhalten hängt eng mit dem Gitterbau zusammen. Die dichtest gepackten Gitter ergeben im allgemeinen das beste Zeitstandverhalten. Das kubisch raumzentrierte α-Eisen ist in der Lage, eine Reihe von Legierungselementen in fester Lösung zu halten, d.h. Substitutions- oder Einlagerungsmischkristalle zu bilden. Dabei wird je nach Übereinstimmung der Grösse des gelösten Atoms mit dem Eisenatom (die max. Abweichung darf ± 15 % betragen) das Gitter mehr oder weniger verspannt.

Einen Vergleich der Atomradien der üblichen Eisenbegleit- und -legierungselemente gibt nachstehende Zusammenstellung[107]:

Element		Atomradius, Å	in % des Fe-Atoms
Zinn	Sn	1,58	+ 24,8
Titan	Ti	1,45	+ 14,1
Wolfram	W	1,42	+ 11,9
Molybdän	Mo	1,40	+ 10,2
Vanadium	V	1,36	+ 7,1
Chrom	Cr	1,29	+ 1,6
Kupfer	Cu	1,28	+ 0,9
α-Eisen	Fe	1,27	0
Nickel	Ni	1,26	- 0,8
Mangan	Mn	1,26	- 0,8
Kobalt	Co	1,25	- 1,5
Silicium	Si	1,17	- 7,9
Kohlenstoff	C	0,71	- 44,1

Während die Elemente Co, Mn, Ni, Cu und Cr wegen nahezu gleicher Atomgrösse mit dem Eisen als Kriechhemmer ausfallen und auch Sn wegen zu starker Abweichung der Atomgrösse nicht wirksam sein kann, bleiben nur noch die Elemente Ti, W, Mo und V. Titan wird kaum im Mischkristall gelöst, da es im Gusseisen wegen seiner hohen Affinität zu C und N als Carbonnitrid abgebunden wird. W wird wegen seines hohen Schmelzpunktes und Preises kaum verwendet, so dass als einzige Legierungszusätze zur Verringerung des Kriechens Mo und V in Frage kommen. Aber auch V ist ein starker Karbidbildner und kann daher nur in geringen Gehalten bis etwa 0,2 % Anwendung finden, da sonst erhöhte Neigung zur Weisserstarrung auftreten würde.

Wie bereits erwähnt, steigt die Kriechgeschwindigkeit mit zunehmender Temperatur. Nach Messungen von M.W. Buttler und W.H. Glaisher[115] sowie J.W. Grant[50) 112] beträgt die Kriechgeschwindigkeit eines unlegierten Eisens mit

3,5 - 3,8 %	C
1,3 - 1,6 %	Si
0,6 - 1,0 %	Mn
0,07- 0,21%	P
0,06- 0,08%	S

bei einer Zugspannung von 54 N/mm^2 etwa:

Kriechgeschw. %/min	bei	Temp. °C
0,001		RT
0,001		100
0,001		200
0,002		300
0,005		400

Der Temperatureinfluss macht sich demnach erst im Bereich von 300°C langsam (doppeltes RT-Kriechen) und bei 400°C erheblich bemerkbar[114].

Während im Bereich des RT-Kriechens (primäres Kriechen) eine Verfestigung stattfindet und die Kriechgeschwindigkeit mit zunehmender Belastungszeit abnimmt, ist dies bei höheren Temperaturen um bzw. über etwa der halben absoluten Schmelztemperatur, d.i. bei Gusseisen ab ca. 400 - 450°C nicht mehr der Fall. In diesem Temperaturbereich setzt nach einem primären Anfangskriechen sekundäres Kriechen mit weitgehend konstanter Kriechgeschwindigkeit ein.

E. v. Rajakovics[71)] ermittelte die HT-Kriechgrenze von unlegiertem, perlitischem GGL bei 300°C, K.B. Palmer[21)] beschränkt den Einsatzbereich für langzeitformstabile Bauteile mit 350°C. Bei dieser Temperatur konnte auch innerhalb von 6 Jahren noch kein Wachsen durch Perlitzerfall nachgewiesen werden.

Das bei dieser Temperatur für ein Gusseisen mit 260 N/mm² Zugfestigkeit gemessene zeit- und spannungsabhängige Kriechen ist für Proben mit 30 mm Ø (ca. 15 mm Wanddicke) in den <u>Bildern 32 a</u> und <u>b</u>, für 76 mm Ø (ca. 38 mm Wanddicke) in <u>Bild 32 c</u> dargestellt. Eine zusammenfassende Auswertung in Larson-Miller-Darstellung gibt <u>Bild 32d</u>. Die Veränderung der Probendurchmesser wirkt sich nur wenig auf das Kriechverhalten bei 350°C aus. Zeitstandfestigkeiten dieses Gusseisens für 350, 400 und 450°C sind in <u>Tafel 34</u> (GGL 26, unleg.) enthalten. Der starke Festigkeitsabfall über 350°C geht auch hieraus deutlich hervor.
Als maximal zulässige Konstruktionsspannung im Hochtemperaturbereich schlägt K.B. Palmer[21)] ein Drittel der 100.000-h-Zeitstandfestigkeit vor, d.h. 1/3 jener Spannung, bei der nach 100.000 Std. der Bruch eintritt. Nach seinen Erfahrungen entspricht dies etwa 80 % der 0,1 %-Zeitdehngrenze für 100.000 Std. Beanspruchung. Die so festgelegten Grenzspannungen bieten ausreichende Sicherheit gegen Verformung und Bruch und können der Berechnung formstabiler Bauteile zugrunde gelegt werden. Die entsprechenden Werte für Zugbeanspruchung für unleg. GGL 26 enthält <u>Tafel 34</u> für 350, 400 und 450°C. Weitere Werte für

andere Temperaturen können dem Larson-Miller-Diagramm in Bild 32d entnommen werden.

Durch Legierungszusätze kann die Kriechgeschwindigkeit vermindert bzw. die Zeitstandfestigkeit erhöht werden, was in den Bildern 32d, 33 und 34 sowie Tafel 34 zum Ausdruck kommt. Es zeigt sich, dass Mo ebenso wie bei den Kurzzeiteigenschaften auch bei längerer Beanspruchung die Festigkeit des Gusseisens [52] steigern kann. Höchste Werte werden durch Kombination von Mo+Cr erreicht (0,8 Mo + 0,6 Cr) weil Cr, zusätzlich zur Verfestigung des Ferrits durch Mo, noch den Perlitzerfall zu höheren Temperaturen verschiebt.

Nach den Untersuchungen von A. Dearden[106] tritt die Spannungsumkehr von Druck- in Zugspannung bei thermischer Belastung bei der Abkühlung erst unterhalb 250°C auf, so dass ein Spannungsabbau durch Hochtemperatur-Kriechen im Zugspannungsbereich kaum ins Gewicht fällt. Erhebliche Kriechverformungen können jedoch im Bereich der höheren Temperaturen im Druckspannungsbereich auftreten, so dass für Zylinderkopfwerkstoffe das Kriechverhalten unter Druckbelastung mehr interessiert. Wegen der Schwierigkeit der Durchführung derartiger Versuche sind hier jedoch nur wenige Zahlenangaben im Schrifttum vorhanden[51][116][211][x].

S.G. Baker und J.A. Pope[116] untersuchten 2 unlegierte und 2 legierte hochfeste GGL-Qualitäten sowie auch Gusseisen mit Kugelgraphit auf das Druckkriechverhalten. Die Zusammensetzung und die RT-Festigkeit sind in Tafel 16 zusammengestellt.

---

[x] Die in [213], S. 171, Tafel 31 angegebenen und in [15] S. 50/51 ausgewerteten Angaben über das Druckkriechverhalten bei 400°C sind leider nicht verwertbar, da sie sich nach der Originalarbeit von C.R. Tottle (Foundry Trade J. 89 (1950/II) Nr 1777, S. 273/82) nicht, wie offenbar durch einen Übersetzungsfehler irrtümlich angegeben, auf Druck-, sondern auf Zugbelastung beziehen. Ausserdem sind die Zahlenwerte durch einen Umrechnungsfehler um den Faktor 25,4 zu hoch. Für den Zugbereich bestätigen die Ergebnisse den günstigen Einfluss von Mo.

Wie aus Bild 35 deutlich hervorgeht, beginnt das Kriechen bei einer Druckbelastung von 230 N/mm^2 bereits bei Temperaturen ab 300°C und nimmt über 400°C bereits sehr rasch zu. Das Mo-legierte Eisen E zeigt erwartungsgemäss auch unter Druckspannung die geringste Kriechneigung. Bei längeren Beanspruchungsdauern treten auch beim Mo-legierten GGL E Kriechverformungen auf, wenn die Temperatur 325°C übersteigt (Bild 36). Einen Vergleich mit den anderen untersuchten Eisen geben Bild 37 für 400°C und Bild 38 für 450°C.

Bei länger anhaltender Druckspannung infolge thermischer Belastung (Wärmedehnung) kommt es infolge Kriechens zu einem Spannungsabbau, d.h. zu einer Relaxation. Dieses Relaxationsverhalten im Bereich von 250 bis 475°C für Druckbelastungen von 230 bis 620 N/mm^2 zeigt Bild 39. Auch hier kommt wieder die deutliche Überlegenheit des Mo-Ni-legierten GGL E zum Ausdruck.

Es sei besonders darauf hingewiesen, dass der grösste Spannungsabfall bei längerer Belastungsdauer in der Anfangsperiode (primäre Relaxation) etwa in den ersten 5 bis 10 Stunden erfolgt (Bild 40), worauf eine sekundäre Relaxationsphase mit wesentlich niedrigerem und etwa konstantem Spannungsabfall anschliesst. Dieses Verhalten fanden auch V. de L. Davies u. Mitarb.[51)]. Auch aus ihren Untersuchungen an einem unlegierten, perlitischen GGL mit

2,98 %	C
1,22 %	Si
0,78 %	Mn
0,20 %	P
0,056%	S

ist zu entnehmen (Bild 41), dass bei steigenden Temperaturen über 350°C rasch zunehmende Relaxation in Abhängigkeit von Belastungsdauer und -höhe einsetzt.

Unlegierte GGL-Sorten sollten daher bei Langzeitbeanspruchung nicht über 350°C zum Einsatz kommen[21) 24)].

4.2.1.6 E-Modul u. Poisson'sche Zahl bei RT und höheren Temperaturen

Bei Gusseisen mit Lamellengraphit kann, im Gegensatz zu Stahl oder Gusseisen mit Kugelgraphit, von einem E-Modul im eigentlichen Sinn nicht gesprochen werden. GGL zeigt bereits von sehr geringen Beanspruchungen an Abweichungen vom ideal elastischen Verhalten, d.h. das Spannungs-Dehnungs-Diagramm zeigt fast vom Nullpunkt ausgehend bereits eine gekrümmte Kurve (Bild 42). Dieses Verhalten beruht darauf, dass schon bei geringer äusserer Spannung an den Enden der Graphitlamellen erhebliche Spannungsspitzen auftreten können, die zu örtlicher plastischer Verformung mit Verfestigung in diesen Bereichen führen[70)]. Hierdurch bleibt nach der Entlastung auch bei sehr geringen Spannungsbelastungen bereits eine bleibende Verformung zurück. Für Vergleichszwecke wird daher ein spannungsloser E_0-Modul im Ursprung definiert, der als Tangente an die Spannungs-Dehnungs-Kurve im Nullpunkt, also ohne Beanspruchung, ermittelt wird. Eine vorhergehende Beanspruchung verändert selbstverständlich den gemessenen E_0-Wert, wie noch gezeigt werden wird. Im wesentlichen ist der E_0-Modul nach W. Grundig[43)] von der Menge und Ausbildungsform des Graphits im Gusseisen abhängig, was Bild 43 deutlich zum Ausdruck bringt. Da mit steigendem Sättigungsgrad bei vollständig perlitischem Eisen im allgemeinen auch die Graphitmenge zunimmt, fällt mit steigendem S_c auch der E-Modul ab. Auf Grund des Zusammenhanges zwischen Sättigungsgrad bzw. Graphitmenge und Zugfestigkeit ändern sich E-Modul und Zugfestigkeit zwar gleichläufig, aber nicht gleich stark. Diese Abhängigkeit zeigt Bild 44 nach W. Felix[65)], wobei Linien verschiedener mechanischer Reifegrade eingezeichnet sind. Die Breite dieses Streubandes deutet darauf hin, dass noch andere Faktoren wirksam sind, die die Zugfestigkeit und den E-Modul verschieden stark beeinflussen. Den Zusammenhang zwischen Zugfestigkeit und E_o-Modul zeigt auch Bild 49a für unlegiertes GGL.

Durch Zusatz von Legierungselementen, welche die Festigkeit des Eisens steigern, wird auch der E-Modul erhöht (Bild 45), jedoch in weit geringerem Ausmass als die Festigkeit. Nach neueren Untersuchungen [67] ist die durch Legierungszusätze erreichbare prozentuale Festigkeitssteigerung etwa 3 bis 4 mal so hoch wie die E-Modul-Erhöhung, manchmal auch höher (vgl. Tafel 17). Dieser Umstand ist für das Temperaturwechselverhalten besonders günstig.

E_o-Modulwerte für Ni-Cu-Mo-legiertes "zähes Gusseisen" hoher Festigkeit enthält auch Tafel 13, leider ohne Angabe für ein unlegiertes Vergleichseisen.

Der E-Modul von Gusseisen mit Lamellengraphit ist zum Unterschied von Stahl stark von der Beanspruchung abhängig.[160] Mit steigender Zugbeanspruchung nimmt der E-Modul nach den Bildern 46 und 48 ab, wobei diese Abnahme mit höherer Eisenqualität geringer ist.

Die Abnahme ist durch die Graphiteinlagerungen bedingt, an deren Enden Spannungsspitzen zu plastischer Verformung und Verfestigung führen. Ausserdem erfahren die Hohlräume, in denen der Graphit eingelagert ist, mit zunehmender Zugbelastung eine teilweise irreversible Volumsaufweitung. Bei Druckbeanspruchung hingegen ist nur ein unwesentlicher Abfall zu merken (Bilder 47 und 53 sowie Tafel 18), da in diesem Fall eine Volumsaufweitung nicht stattfinden kann und auch die plastische Verformung an den Lamellenenden geringer sein wird. Dies deshalb, weil die örtlichen Spannungsspitzen bei gleicher Nennspannung niedriger sind, da bei Druckbeanspruchung auch über die nichtzusammendrückbaren Graphitteilchen eine Spannungsübertragung stattfinden kann.

Eine gute Zusammenstellung mechanischer Kennwerte unlegierter GGL-Sorten gibt Tafel 18, aus der auch die in Bild 48 dargestellte Zugspannungsabhängigkeit des E-Moduls zu entnehmen ist.

Für Konstruktionen niedriger Beanspruchung ist es ausreichend, mit dem E_o-Modul zu rechnen. Bei höheren Belastungen muss jedoch die Spannungsabhängigkeit des E-Moduls berücksichtigt werden. Üblicherweise wird der spannungsabhängige E-Modul als Tangentenmodul (vgl. Bild 48) ermittelt, der den elastischen Dehnungsanteil wiedergibt. Für den Konstrukteur ist es jedoch wichtiger, für eine bestimmte Beanspruchung neben der elastischen vor allem die zu erwartende Gesamtverformung zu kennen. Diese wird durch den sogenannten Sekantenmodul (vgl. Bild 48) ausgedrückt, der eigentlich nicht als Elastizitäts-, sondern besser als Verformungsmodul bezeichnet werden sollte. Die hierfür einzigen Angaben enthält Tafel 18, dargestellt in Bild 48. Die Angaben in Tafel 18 wurden ausserdem in Bild 49 so dargestellt, dass für ein Gusseisen bekannter Zugfestigkeit zunächst der E_o-Modul aus Bildteil a) ermittelt werden kann. Bildteil b) ermöglicht sodann die Ermittlung des Tangenten- und des Sekantenmoduls in Abhängigkeit von der Zugbeanspruchung für erstmalige Belastung.

Nach Untersuchungen von G.N.J. Gilbert und P.J. Emerson[29)] hängt der Abfall des E-Moduls mit steigender Zugspannung auch von der Anzahl der Belastungen ab.

Wie Bild 50 zeigt, ist der Abfall bei der 1. Belastung am grössten. Mit zunehmender Vorbelastungshöhe wird der E-Modul niedriger und der Einfluss des Belastungsgrades wird für weitere Beanspruchungen geringer, d.h. die Kurven verlaufen flacher. Wird die Zugspannung über die Vorbelastung hinaus erhöht, so folgt der Abfall des E-Moduls wiederum der rascher fallenden Kurve des nicht vorbelasteten Zustandes. Eine durch Vorbelastung verringerte Spannungsabhängigkeit des E-Moduls wurde auch von H. Nieth[167] festgestellt, allerdings mit dem Unterschied, dass bei Spannungen über etwa 6 kp/mm^2 der E-Modul nach Vorbelastung über den des nicht vorbelasteten Zustandes hinaus ansteigt, wie aus den Bildern 51 und 52 ersichtlich ist. Dieses überraschende Ergebnis kann aus den mitgeteilten Versuchsdaten nicht erklärt werden.

Aus den Kurven geht ausserdem hervor, dass der E-Modul nicht, wie üblicherweise angegeben, linear mit der Spannungszunahme abfällt, sondern bei sehr hoher Beanspruchung rascher abnimmt. Dies stimmt mit eingehenden Untersuchungen von H. Stroppe u. H. Hoffmann[41] überein, die eine quadratische Abhängigkeit nachgewiesen haben. Die lineare Näherung ist jedoch in mittleren Spannungsbereichen zulässig, hat bisher den Ansprüchen der Praxis genügt. In der Praxis gar nicht beachtet wurde aber bis heute der bereits erwähnte grosse Einfluss von Vorbelastungen auf die Spannungsabhängigkeit des E-Moduls. Dies sollte jedoch für alle jene Belastungsfälle von grossem Interesse sein, wo wiederholte Beanspruchung auftritt, wie beispielsweise bei der Temperaturwechselbelastung. Leider liegen weder für unlegierte noch für legierte GGL-Sorten diesbezügliche Untersuchungsergebnisse vor, so dass diese Unterlagen erst erarbeitet werden müssen.

Die Poisson-Zahl gibt das Verhältnis von Querdehnung zu Längsdehnung an und beträgt nach Tafel 18 und Bild 50 bei allen Gusseisensorten etwa 0,26. Wie Bild 50 zeigt, verhält sich die Poisson-Zahl mit zunehmender Zugspannung ähnlich wie der E-Modul.

Die spannungsabhängige Poisson-Zahl kann nach J.P. Scholes[78) für alle GGL-Qualitäten nach der Formel

$$\nu_\sigma = 0{,}26 - 0{,}485 \cdot 10^{-3} \cdot \sigma$$

errechnet werden, wobei σ in N/mm^2 einzusetzen ist. Nach den Angaben von G.N.J. Gilbert[29)] schwankt dieser Faktor zwischen $0{,}673 \cdot 10^{-3}$ bis $0{,}427 \cdot 10^{-3}$ bei nicht vorbelastetem GGL und im Bereich von $0{,}155 \cdot 10^{-3}$ bis $0.207 \cdot 10^{-3}$ nach Vorbelastung entsprechend Bild 50.

Unter Druckbeanspruchung bleibt die Poisson-Zahl über einen breiten Spannungsbereich etwa konstant, da in diesem Bereich eine Volumsaufweitung um die Graphitteilchen unter Druckbelastung kaum stattfindet. Dies wird erst bei höheren Spannungen, die mit grösserer plastischer Deformation verbunden sind, beobachtet. In diesem Bereich kann, wie aus Bild 53 zu entnehmen ist, die Poisson-Zahl auf über 0,5 ansteigen[75)].

Über den Einfluss von Legierungszusätzen liegen keine Angaben vor.

Mit steigender Temperatur fällt der E_o-Modul fast linear mit der Temperatur ab[61)67)68)117)154)], wie den Bildern 45, 54 und 55 zu entnehmen ist. Die Abfallsrate in N/mm^2 je ^oC Temperatursteigerung wird jedoch von den verschiedenen Autoren sehr unterschiedlich angegeben:

Abfall in N/mm^2 je ^oC		
25,8 (Eisen L) bis 44,9 (Eisen D)	nach	117)
35,3	nach	67) 68)
41,2	nach	154)
52,0	nach	61)

Für die praktische Anwendung genügt jedoch die Kenntnis der Temperaturabhängigkeit des spannungslos gemessenen E_o-Moduls nicht. Es ist zu erwarten, dass die bereits bei RT starke Zugspannungsabhängigkeit des E-Moduls bei höherer Temperatur noch stärker ausgeprägt ist. Andererseits könnte aber auch vermutet werden, dass der bei RT vorhandene Zusammenhang zwischen E_o-Modul und Zugfestigkeit auch bei höherer Temperatur bestehen bleibt, woraus sich ein relativ geringer Temperatureinfluss bis etwa 350 - 400°C ableiten liesse.

In diese Richtung deuten die Untersuchungsergebnisse von N. Janakiev[15], welche in den Bildern 56 a, b dargestellt sind. Die in das Bild 56b aufgenommenen, von H.T. Angus[49] veröffentlichten einzigen verfügbaren Vergleichswerte stimmen bei 350°C im Zugspannungsbereich ab etwa 5 kp/mm² hinreichend überein. Bei 400°C stellt jedoch H.T. Angus einen weiteren Abfall des E-Moduls fest, während N. Janakiev einen Wiederanstieg gegenüber 300°C beobachtet. Dieses zunächst als Widerspruch erscheinende Ergebnis hängt möglicherweise mit dem nicht bei allen Eisensorten zwischen 300 und 400°C auftretenden Zugfestigkeitsmaximum (vgl. Abschnitt 4.2.1.5.1) zusammen und bedarf noch eingehender Untersuchungen.

Wenn auch der E-Modul bei RT keine merkliche Abhängigkeit von der Druckbeanspruchung zeigt, so scheint dies bei höherer Temperatur nicht auch der Fall zu sein. Nach Ch. Irmler[1] beträgt der Abfall des E-Moduls unter Druckbeanspruchung rund 8,2 kp/mm² je °C Erwärmung (Bild 57). Weitere Angaben sind nicht bekannt.

Auch die Poisson-Zahl fällt mit steigender Temperatur ab. Die wenigen mitgeteilten Werte beziehen sich auf niedrigfesten Kokillengrauguss[113] und sind nur als Tendenz zu werten (Bild 58).

4.2.1.7 Dauerfestigkeit bei RT und bei höheren Temperaturen

Neben den statischen Festigkeitswerten ist für den Konstrukteur im Motoren-, Fahrzeug- u. allgemeinen Maschinenbau die Kenntnis der Dauerfestigkeitseigenschaften von besonderer Bedeutung, um bei schwingender Beanspruchung eines Bauteiles Ermüdungsbrüche mit Sicherheit zu vermeiden. R. Verriest u. Mitarb.[166) nehmen an, dass heute mehr als 80 % der Bruchschäden an Maschinen auf Werkstoffermüdung zurückzuführen sind. Solche Brüche treten immer plötzlich und ohne vorher erkennbare Deformation auf.

Die meisten Konstruktionsteile sind einer kombinierten statischen und dynamischen Belastung ausgesetzt, die je nach ihrer Art aus Zug-, Druck-, Scher-, Biege- und Torsionsbeanspruchungen zusammengesetzt sein kann.

Der am häufigsten auftretende Belastungsfall ist jener, bei dem periodische, um einen Mittelwert σ_m pendelnde Spannungswechsel entstehen. Die untere Grenze wird als Unterspannung σ_u , die obere Grenze als Oberspannung σ_o bezeichnet. Die Mittelspannung σ_m kann gleich Null sein, oder positiv (Zugspannung) bzw. negativ (Druckspannung). Ausserdem kann man die periodischen Lastwechsel auch in Abhängigkeit von der Zeit als Resultierende einer statischen Mittelspannung σ_m und eines Spannungsausschlages σ_a entsprechend Bild 59 betrachten, wobei folgende Möglichkeiten unterschieden werden können:

$\sigma_m < \sigma_a$: Es treten Zug- und Druck-Wechselspannungen auf (Fall 3, 4 und 5 in Bild 59)

$\sigma_m = \sigma_a$: Es treten Zugwechselspannungen auf, die zwischen Null und einem positiven Wert (Fall 6) bzw. es treten Druckwechselspannungen auf, die zwischen Null und einem negativen Wert (Fall 2) pendeln.

$\sigma_m > \sigma_a$: Es treten Zugschwellspannungen im positiven (Fall 7) oder Druckschwellspannungen im negativen Bereich (Fall 1) auf. Der Kleinstwert ist niemals gleich Null und der Mittelwert berechnet sich aus $\sigma_m = 1/2 \ (\sigma_o + \sigma_u)$.

Die Dauerfestigkeit wird im allgemeinen nach dem Wöhler-Verfahren ermittelt. Sie stellt den um eine Mittelspannung schwingenden grössten Spannungsausschlag dar, bei dem der Werkstoff nach 10^7 Lastwechsel nicht gebrochen ist.

Für die Beurteilung von Prüfungsergebnissen ist wichtig, dass kein nennenswerter Einfluss der Prüffrequenz bis 200[217)] bzw. bis 500 Hz[77)] auf die Dauerfestigkeit bei RT nachgewiesen werden konnte.

Zur Abschätzung der Dauerfestigkeit üblicher GGL-Sorten sind im allgemeinen die Bilder 60 bis 62 ausreichend.
Ein im Druckbereich erweitertes Dauerfestigkeitsbild für die unlegierten GGL-Sorten gibt H. Tauscher[162)] im Bild 63. Von E.K. Modl[31)] für GG 18 und GG 22 mitgeteilte Werte stimmen damit hinreichend überein.
Während man bei Stahl annimmt, dass das Smith-Diagramm bezüglich des Koordinatenursprunges symmetrisch verläuft, ist dies bei GGL nicht der Fall, weil dieses bei Druckbelastung ein wesentlich günstigeres Verhalten zeigt als bei Zugbeanspruchung[168)].

Für spezielle Anwendungsgebiete, insbesondere im Motorenbau, wo einer wirschaftlichen Konstruktion besondere Bedeutung zukommt, ist die Ermittlung der Dauerfestigkeit der spezifischen Werkstoffsorte und Werkstoffqualität notwendig. Dies deshalb, weil die Übertragbarkeit der Ergebnisse für eine untersuchte Werkstoffqualität auf eine andere nur mit Vorbehalt möglich ist, da die statischen Eigenschaftswerte der genormten Werkstoffsorten sowohl mit unterschiedlichen Anteilen an Perlit und Ferrit im Grundgefüge als auch mit unterschiedlicher Graphitausbildung erreichbar sind, was die Dauerfestigkeitswerte jedoch verändert.

Ein an einem schwach Mo-legierten Zylinderkopfgrauguss aufgenommenes Zug-Druck-Dauerfestigkeitsschaubild [206] ist in Bild 64 dargestellt. Bild 65 gibt die Prüfungsergebnisse von H. Nieth[167] an 2 unlegierten GGL-Qualitäten, GG 40 und GG 30, wieder, deren Zug-Druck-Wechselfestigkeit etwas niedriger liegt als nach Bild 60 zu erwarten wäre (bei Vergleich von Gusseisen mit gleicher Ausgangszugfestigkeit!).

Für die Wechselfestigkeiten der Werkstoffsorten GG 15 bis GG 40 gilt nach R. Hänchen[55] näherungsweise:

Biegewechselfestigkeit	$\sigma_{bw} \cong 0{,}35 - 0{,}50\ \sigma_B$ (vgl.Tafel
Zug-Druck-Wechselfestigkeit	$\sigma_{zdw} \cong 0{,}53 \cdot \sigma_{bw} \cong 0{,}26\ \sigma_B$
Torsionswechselfestigkeit	$\tau_{tw} \cong 0{,}85 \cdot \tau_{bw} \cong 0{,}42\ \tau_B$

Die Dauerfestigkeitswerte der Bilder 60 bis 62 sind am polierten,ungekerbten Rundstab von 7,5 bis 20 mm Durchmesser ermittelt und auch für Gussstücke mit Gusshaut gültig, wobei als erfahrungsgemässer Minderungswert $b_o = 0{,}85$ genannt wird[55][165]. Demgegenüber ist nach Bild 66, das einer Arbeit von H. Maaß[174] entnommen ist, mit steigender Zugfestigkeit mit einem erheblich höheren negativen Einfluss der Gusshaut zu rechnen, was auch von W. Sakwa und W. Bachmacz [239] bestätigt wird, die an unbearbeiteten Proben je nach Gusshaut-Güte einen Dauerfestigkeitsverlust von 15 - 41 % bei Gusseisen mit einer Zugfestigkeit von 20 bis 35 kp/mm^2 fanden. Der Abfall nahm in der Regel mit steigender Zugfestigkeit zu. Demgegenüber wurde bei neueren schwedischen Untersuchungen sogar ein dauerfestigkeitserhöhender Einfluss der Gusshaut bei GGL gefunden[173].

Während bei niedrigfesten GGL-Sorten mit grobem Graphit die innere Kerbwirkung des Graphits einen Einfluss äusserer Kerben überdeckt (mit zunehmender Graphitlänge und abnehmendem Spitzenradius sinkt die Wechselfestigkeit von Gusseisen mit Lamellengraphit[170] [186] und die Kerbempfindlichkeit nimmt ab), ist bei den höherfesten Graugusssorten der Einfluss äusserer Kerben zu berücksichtigen[30][47][159][161][165][215]. Dieser Einfluss kommt im Bild 67 deutlich zum Ausdruck, das die Zunahme der Kerbwirkungszahl β_K (Verhältnis von Dauerfestigkeit ungekerbter Proben zur Dauerfestigkeit gekerbter Proben) mit steigender Werkstoffestigkeit zeigt.

Im einzelnen liegen überwiegend Untersuchungen der Biegewechselfestigkeit vor, da deren Bestimmung relativ am einfachsten ist[67][77][161][173][176][177][186][215].

In einer von A. Lahn vorgenommenen Schrifttumsauswertung werden allein 60 Arbeiten zusammengefasst[215]. Danach ist ein eindeutiger Zusammenhang von Biegewechselfestigkeit und Zugfestigkeit (Bild 68a) gegeben, der jedoch, besonders im oberen Festigkeitsbereich, stark streut, was mit dem Auftreten von Zwischenstufen- u. Vergütungsgefüge erklärt wird, welche die Dauerfestigkeit weniger steigern als die Zugfestigkeit.

Diese Streuung ist auch damit zu erklären, dass neben der Zugfestigkeit auch die Graphitausbildung einen gewissen Einfluss auf die Dauerfestigkeit ausübt in der Form, dass bei gleicher Zugfestigkeit die Dauerfestigkeit mit feiner und kompakter(Bild 68b,c) werdendem Graphit zunimmt[77] [176][177][186], was sich besonders bei Gusseisen mit Vermiculargraphit günstig auswirkt[176] und das Dauerfestigkeitsverhältnis etwas erhöht. Durch Ermittlung der Dauerfestigkeit von Graugusssorten mit gleicher Zugfestigkeit, aber unterschiedlicher Graphitausbildung, konnte H. Figge nachweisen, dass bei den Graphitgrössen 4 bis 5, die ja als eine gute und normale Graphitgrösse angesehen werden, in der Anordnung D die Dauerfestigkeit um ungefähr 2 kp/mm^2 über dem normalen Niveau liegt (Bild 68c). Eine weitere Graphitverfeinerung bis auf die Graphitgrössen 7 bis 8 bringt eine Dauerfestigkeitssteigerung von 4,2 kp/mm^2, bezogen auf die normale Dauerfestigkeit eines Gusseisens mit A-Graphit, Grösse 4 bis 5.

Bild 69 gibt die Verhältnisse für gekerbte Proben wieder. Die Ausgleichsgerade zwischen Kerbdauerfestigkeit und Zugfestigkeit verläuft flacher als die Gerade für die Dauerfestigkeit glatter Proben. Die Differenz zwischen beiden Dauerfestigkeitswerten wird, wie bereits mit Bild 67 besprochen, mit steigender Zugfestigkeit grösser.

Nach Untersuchungen von E. v. Rajakovics[161)] fällt mit zunehmender Rohgusswanddicke die Biegedauerfestigkeit prozentual etwa gleich stark ab wie die Zugfestigkeit, so dass das Dauerfestigkeitsverhältnis praktisch unverändert bleibt. Dies ist für den Konstrukteur, dem ja meistens nur Zugfestigkeitswerte zur Verfügung stehen, von besonderem Interesse.

Auch zwischen der Torsionswechselfestigkeit und der Zugfestigkeit besteht eine enge Beziehung, wie Bild 70 zeigt[215)].

Infolge der erforderlichen aufwendigeren Prüfeinrichtungen liegen für die Zug-Druck-Wechselfestigkeit weit weniger Untersuchungsergebnisse vor[166)169)206)]. Die Zug-Druck-Wechselfestigkeit liegt niedriger als die Biegewechselfestigkeit (Bild 71)[23)]. Dieser Unterschied ist durch die nichtlineare Spannungsverteilung über den Probenquerschnitt bei Biegung bedingt, die durch die Abhängigkeit des E_o-Moduls von der Beanspruchung verursacht wird. Wird ein Probestab wechselnd auf Biegung beansprucht, so sinkt der E-Modul auf der Zugseite mit zunehmendem Abstand von der neutralen Achse ab und die Spannungen nehmen zum Rand hin weniger stark zu als die Dehnungen.

Bei Lastumkehr wird hingegen der weniger spannungsabhängige Druck-E-Modul wirksam. Die Spannungsverteilung ist nicht linear und die konventionelle Spannung oder Festigkeit wird, wie bei statischen Versuchen, unter nicht zutreffenden Voraussetzungen berechnet[47]. Da die Bruchdehnung nicht zum Tragen kommt, sind jedoch die Unterschiede bei Wechselbeanspruchung geringer als bei statischen Versuchen. Nach H. Figge[176] liegen die nach den klassichen Gleichungen errechneten Biegewechselfestigkeitswerte für die höherfesten GGL-Sorten ab GG 20 um ca. 10 - 15 % zu hoch. Bei rein statischer Belastung ist der Fehler grösser und man erhält bei der Berechnung der konventionellen Biegefestigkeit gegenüber der wahren Festigkeit zu hohe Werte[47]. Nach Untersuchungen von H. Figge sind Biegefestigkeit und Zugfestigkeit praktisch identisch[176].

Zug-Druck-Dauerfestigkeitswerte in Abhängigkeit von der Zugfestigkeit für verschiedene Phosphorgehalte zeigen die Bilder 72a, b und 73. Der Einfluss des P-Gehaltes wird auch von K.B. Palmer[77] angegeben. Die Zug-Druck-Wechselfestigkeit liegt demnach bei GGL-Sorten mit niedrigem Phosphorgehalt bei 30 bis 35 % der Zugfestigkeit.

Der Einfluss der Legierungselemente auf die Dauerwechselfestigkeit entspricht, soweit die wenigen vorhandenen Untersuchungen eine Aussage zulassen[2] [67] [216], im grossen und ganzen ihrem Einfluss auf die Zugfestigkeit, da die grundsätzliche Abhängigkeit durch die Legierungselemente nicht verändert wird.

Bild 74 zeigt die Ergebnisse einer vergleichenden Untersuchung[216] einiger legierter Gusseisen, aus denen hervorgeht, dass die Dauerwechselfestigkeit entsprechend der Zugfestigkeit variiert. Von den Zusätzen Cr, Ni, Cu, Mo erhöht das Molybdän die Dauerfestigkeit, aber auch die Zugfestigkeit, am stärksten[56][216]. Das Dauerfestigkeitsverhältnis bleibt gleich. Die Kerbwirkungszahl wird, wie bereits besprochen, mit steigender Festigkeit etwas grösser.

Bei Betrachtung der Dauerfestigkeit von Zylinderdeckelwerkstoffen darf der Einfluss eines überlagerten Korrosionsangriffes nicht ausser acht gelassen werden, weil die unter thermischen Wechselspannungen stehenden Stege auch korrosiven Einflüssen ausgesetzt sind. Aus einer Untersuchung von K.B. Palmer[77] ist zu entnehmen, dass schon reines, enthärtetes Wasser eine Verringerung der Dauerbiegewechselfestigkeit von z.B. 124 N/mm^2 an Luft auf 100 N/mm^2, d.s. 19 %, verursacht. Die Oberfläche bedeckt sich mit Rost und der Korrosionsfortschritt ist gering, verglichen mit NaCl-Lösung, die die Dauerfestigkeit auf 23 N/mm^2 erniedrigt. Der Korrosionsangriff von enthärtetem Wasser auf GGL kann durch alkalische Zusätze, sog. Inhibitoren, mit Ausnahme von Borax, verhindert werden. Auch wasserlösliche Öle haben bei GGL eine gute Wirkung (Bild 140).

Einige allgemeine Ausführungen über den Einfluss der Korrosion enthält auch Abschnitt 4.2.2.6.

Über die Dauerfestigkeit von Gusseisen bei höheren Temperaturen liegen nur wenige Unterlagen vor[117][118][166][171][206], die eine ausreichende Beurteilung des Werkstoffverhaltens nicht zulassen. Wenn auch naheliegt, dass sich die Dauerfestigkeit auch bei höheren Temperaturen weitgehend mit der Zugfestigkeit ändert, so kommen doch mit steigender Temperatur zusätzliche Einflussgrössen hinzu, die berücksichtigt werden müssen. Insbesondere treten bei höheren Temperaturen grössere Verformungen und auch Kriechvorgänge auf, so dass auch die Beanspruchungsdauer neben der Anzahl der Lastwechsel eine Rolle spielt, d.h. Zeitstandfestigkeit und Zeitdehngrenzen in die Betrachtung miteinbezogen werden müssen. Während derartige Untersuchungen für Stahl[219] und Aluminium-(Kolben-)legierungen[218] bereits vorliegen, sind für Gusseisen noch keine entsprechenden Arbeiten bekannt geworden.

Das einzige verfügbare Zug-Druck-Dauerfestigkeitsschaubild für ein legiertes Zylinderkopfgusseisen bei 300°C entstammt einer Untersuchung bei MAN[206] und ist Bild 64 zu entnehmen. Der aus diesem Bild ersichtliche Dauerfestigkeitsabfall gegenüber RT ist nur als Tendenz zu werten, da beide Diagramme an verschiedenen Gusslegierungen mit zwar etwa gleicher RT-Zugfestigkeit, aber infolge unterschiedlicher Legierungsgehalte wahrscheinlich verschiedener Warmfestigkeit (diese wurde beim Mo-legierten GGL nicht geprüft) aufgenommen worden sind.

Die Umlaufbiegewechselfestigkeit bei höheren Temperaturen ist von W.L. Collins und J.O. Smith[171], S.G. Baker u. J.A. Pope[117] sowie von D. Fitzgeorge und J.A. Pope[118] untersucht worden.

Die Ergebnisse von W.L. Collins u. J.O. Smith zeigt Bild 75. Das Dauerfestigkeitsverhältnis variiert im Bereich von RT bis 650°C von 0,40 bis etwa 0,48 und liegt im Mittel bei ca. 0,44.

Die temperaturabhängige Biegewechselfestigkeit der Gusseisen nach Tafel 16 ist den Bildern 76a bis c zu entnehmen[117][118]. Von den Gusseisen C, N und T sind auch die Wöhlerkurven vorhanden (Bilder 77a bis c). Leider werden keine Zugfestigkeitswerte bei höheren Temperaturen mitgeteilt, so dass das Dauerfestigkeitsverhältnis für höhere Temperaturen nicht errechnet werden kann.

Aus den Bildern 75 und 76 a bis c ist jedoch klar ersichtlich, dass die Temperaturabhängigkeit der Dauerfestigkeit ähnlich verläuft wie bei der Zugfestigkeit (Bilder 24 und 27). Bei GGL tritt im Bereich um 400°C ein Festigkeitsmaximum der Dauerfestigkeit auf, bei der statischen Zugfestigkeit liegt dieses Maximum um etwa 100°C niedriger bei rd. 300°C (Bild 24).

Im Gegensatz zu GGL tritt bei GGG dieses Dauerfestigkeits-maximum nicht auf (Bild 76a, Eisen F undG), so dass die Dauerfestigkeit von ferritischem GGG bei 400°C (Eisen G) sogar unter die Dauerfestigkeit von hochfestem perlitischem GGL ab-sinkt.

Über den Einfluss der Temperatur auf die Zug-Druck-Wechsel-festigkeit liegt nur eine einzige Angabe von R. Verriest u. Mitarb.[116] vor, die ein hochfestes, unlegiertes GGL bei RT (Bild 78a) und bei 450°C (Bild 78b) geprüft haben. Bei 450°C ist ein Abfall von 12,5 % gegenüber RT festzustellen. Für den Bereich von RT bis 450°C liegen keine Prüfergebnisse vor.

4.2.2 Gusseisen mit Kugelgraphit GGG

4.2.2.1 Zugfestigkeit, Streckgrenze, Härte, Dehnung und Zähigkeit bei RT

Während die mechanischen Eigenschaften bei Gusseisen mit La-mellengraphit weitgehend durch die lamellare Graphitausbil-dung und -menge bestimmt werden, tritt bei Gusseisen mit Kugel-graphit der Einfluss des Graphits auf die Festigkeitseigen-schaften zurück. Wie Bild 79 erkennen lässt, hat eine Ver-änderung der Graphitmenge zwischen 3,1 - 3,8 % bei konstantem Si-Gehalt und ferritischem Grundgefüge kaum einen Einfluss auf die Festigkeit und Härte: der Zugfestigkeits-Härte-Quotient m bleibt praktisch unverändert. Eine eindeutige Veränderung er-fährt nur die 0,2-Grenze, die mit steigender Graphitmenge ab-fällt, wodurch sich das Streckgrenzenverhältnis s von 0,79 bei 3,1 % C auf 0,67 bei 3,8 % C verringert. Die Dehnung streut in einem weiten Bereich und lässt keine eindeutige Tendenz erkennen.

Die mechanischen Eigenschaften werden daher bei GGG haupt-sächlich von den Eigenschaften der stahlähnlichen Grundmasse bestimmt, wobei als Haupteinflussfaktoren die Gehalte an Silicium sowie an perlitstabilisierenden Elementen, wie Mangan, Kupfer u.a. in Frage kommen.

Durch entsprechende Einstellung des Grundgefüges aus reinem Ferrit, Perlit mit verschiedenen Ferritanteilen, gröberem oder feinerem Perlit (Sorbit) und schliesslich Zwischenstufengefüge (Bainit) kann der gesamte Festigkeitsbereich von 380 bis 800 N/mm^2 Zugfestigkeit und darüber überstrichen werden (Bild 80). Diese Gefüge lassen sich aus ein und demselben magnesiumbehandelten Eisen, z.T. bereits im Gusszustand[223)], z.T. erst nach Wärmebehandlung[220)], erzeugen. Die Sorteneinteilung von Gusseisen mit Kugelgraphit ist in DIN 1693 (Ausg. Oktober 1973) festgelegt, die für die 5 Normalsorten GGG 40, 50, 60, 70 und 80 Mindestwerte für Zugfestigkeit, Streckgrenze und Bruchdehnung (Tafel 19) und für 2 Sondersorten zusätzlich Mindestwerte für Kerbschlagarbeit (Tafel 20) vorschreibt.

In der Praxis werden üblicherweise die in Tafel 21 angegebenen Eigenschaftswerte erreicht.

Die in der Norm geforderten, an getrennt gegossenen Probestücken ermittelten Eigenschaften werden in der Regel nur bei kleineren und Seriengussstücken bis etwa 40 mm Wanddicke angewendet, bei denen die Eigenschaften im getrennt gegossenen Probestück mit denen des Gussstückes weitgehend übereinstimmen[202)]. Auch bei Gusseisen mit Kugelgraphit besteht ein Wanddickeneinfluss auf die Eigenschaften, der jedoch wesentlich geringer ist als bei Gusseisen mit Lamellengraphit.

Die Wanddickenabhängigkeit der Festigkeitseigenschaften von ferritischem Gusseisen mit Kugelgraphit ist in Bild 81, von perlitischem GGG in den Bildern 82 a/b (vgl. auch Tafeln 22 u.23) dargestellt. Durch eine Wärmebehandlung kann dieser Einfluss, wie aus den Bildern 82 zu erkennen ist, weitgehend ausgeglichen, aber nicht völlig beseitigt werden.

Mit zunehmender Gussstückwanddicke laufen die Kristallisationsvorgänge bei der Gussstückerstarrung langsamer ab, was zur Folge hat, dass der Kugelgraphit nicht immer ideal runde Sphäroliten aufweist, sondern auch knoten- oder flockenförmige Anteile auftreten können. Dadurch wird die Streckgrenze wenig beeinflusst, Zugfestigkeit und Bruchdehnung werden jedoch mit zunehmender Gussstückwanddicke etwas vermindert.

Ein weiterer Einfluss grosser Wanddicken ist die Verzögerung der Austenit-Perlit- bzw. Austenit-Ferrit-Umwandlung, wodurch die Ferritbildung in der Grundmasse begünstigt wird und noch vorhandene Perlitanteile eine grobstreifigere Struktur mit geringerer Härte und Festigkeit ausbilden. In dickwandigen schweren Gussstücken sind daher ferritische Grundgefüge leichter einstellbar, wobei Perlit-Säume in den Seigerzonen verbleiben können. Zur Herstellung überwiegend perlitischer Grundmasse sind perlitstabilisierende Legierungszusätze (wie z.B. Ni, Cu, Sn) erforderlich, die allerdings die Zellgrenzenseigerung nicht fördern dürfen (wie z.B. Mn und Cr).
Diese Vorgänge bei der Erstarrung und Abkühlung dickwandiger und schwerer Gussstücke erfordern statt der getrennt gegossenen Proben am Gussstück angegossene Proben, die durch den engen Wärmeverbund mit dem Gussstück bessere Hinweise auf die Festigkeitseigenschaften im Gussstück geben können[202]. Ein entsprechender Normentwurf DIN 1693, Blatt 2, ist im August 1975 erschienen und in Tafel 24 wiedergegeben.

Zu den in den Tafeln 19, 20 und 24 angeführten genormten Werkstoffsorten kann noch folgendes gesagt werden, was G. Kuhn und H. Reuter zusammengefasst haben[202]: GGG 40 ist eine weitgehend ferritische Standardsorte, die hohe Anforderungen an die

Herstellungstechnik stellt, um im ganzen Gussstück gleichmässig hohe Duktilität zu gewährleisten.

Die Sorte GGG 40.3 mit gewährleisteter Kerbschlagarbeit verlangt bei der Herstellung besonders hohe Anforderungen. Bei grossen Wanddickenunterschieden im Gussstück oder bei Perlitanteilen im Gefüge von über 10 % muss eine entsprechende Wärmebehandlung vorgenommen werden.

Die perlitisch/ferritische Standardsorte GGG 60 wird normalerweise im Gusszustand erzeugt. Sie zeichnet sich durch hohe Festigkeit und gute Verschleissbeständigkeit aus.

Die hohe 0,2-Grenze und Zugfestigkeit der Sorte GGG 70 erfordern eine überwiegend feinstreifige Perlitausbildung. Bei der langsamen Abkühlung dickwandigerer Gussstücke kann diese Gefügeausbildung meist nur durch perlitstabilisierende Legierungszusätze oder eine nachträgliche Wärmebehandlung mit rascher Abkühlung durch den Umwandlungsbereich erzielt werden, was bei grossen Wanddicken nicht immer möglich ist. Manchmal finden auch beide Massnahmen kombiniert Verwendung.

Die Sorte GGG 50 (vgl. auch Bild 80) ist fertigungstechnisch nicht leicht herzustellen. Besonders bei schweren Gussstücken kann es Schwierigkeiten bereiten, in unterschiedlichen Wanddickenbereichen die gleichen Perlitgehalte einzustellen, die sowohl die erforderlichen 0,2-Grenzen und Zugfestigkeiten als auch die relativ hohen Dehnungswerte sicherstellen. Soferne es von der Gussstückauslegung her vertretbar ist, sollte daher möglichst auf die Standardsorten GGG 40 oder GGG 60 ausgewichen werden.

Die hochzähe Sorte GGG 35.3 und die hochfeste Sorte GGG 80 haben bisher bei grösseren Gussstücken keine anwendungstechnische Bedeutung erlangt.

Zwischen den Eigenschaftskomplexen Zugfestigkeit, Streckgrenze und Härte einerseits sowie Dehnung, Brucheinschnürung und Schlagzähigkeit andererseits bestehen beim Gusseisen mit Kugelgraphit, wie auch bei anderen duktilen Werkstoffen, gesetzmässige Beziehungen[221)]. Mit steigender Festigkeit sinken Dehnung und Schlagzähigkeit. Den Zusammenhang zwischen Zugfestigkeit und Dehnung zeigt Bild 83 nach einer Schrifttumsauswertung. Das breite Streufeld vermittelt einen Überblick über die vielfältigen technischen Herstellungsmöglichkeiten. Wichtiger als die Zugfestigkeit ist für die Berechnung von Bauteilen die Streckgrenze, die bei ferritischen Sorten ausgeprägter ist als bei perlitischen.

Bild 84a zeigt den statistisch ermittelten Zusammenhang zwischen Streckgrenze und Dehnung, der demjenigen zwischen Zugfestigkeit und Dehnung in Bild 84b weitgehend ähnlich ist. Eine Erhöhung der Streckgrenze im Bereich über 30 kp/mm^2 ist immer mit einem Dehnungsrückgang verbunden. Ein Abfall der Streckgrenze auf unter 30 kp/mm^2 führt auch zu gleichzeitigem starkem Dehnungsverlust und zeigt das Auftreten von Gefügefehlern an.

Bild 85 bringt die Beziehungen zwischen Zugfestigkeit und Härte zum Ausdruck. Auch hier ist ein von den Herstellungsbedingungen abhängiges, breites Streuband vorhanden. Es sei darauf hingewiesen, dass normgerechte Werkstoffsorten auch ausserhalb dieser Bereiche liegen können.

Die mechanischen Eigenschaften der genormten Werkstoffsorten lassen sich, gegebenenfalls mit zusätzlicher Wärmebehandlung, im allgemeinen unlegiert erreichen. Der Einsatz von Legierungselementen ist nur dann zweckmässig, wenn eine Wärmebehandlung eingespart werden soll, wenn aus einer Basisschmelze stark unterschiedliche Sorten hergestellt werden sollen oder wenn besonders hohe Festigkeiten bzw. besondere Eigenschaftskombinationen angestrebt werden (z.B. Verbesserung der Warmfestigkeit etc.). Der Einfluss der Legierungselemente kann je nach Gefüge und Wärmebehandlung verschieden stark sein. Die Legierungswirkung erfolgt hauptsächlich über die Einstellung des Grundgefüges (Ferrit-Perlit-Verhältnis) und über Mischkristallverfestigung des Ferrits. Die Mischkristallverfestigung allein führt bei gleichbleibendem, ferritischem oder perlitischem Gefüge nur zu einem geringen Anstieg von Zugfestigkeit und Streckgrenze, der bei den wirtschaftlichen und metallurgisch sinnvollen Zusatzmengen kaum 10 % der unlegierten Ausgangswerte übersteigt. Hingegen ist die indirekte Wirkung der Legierungselemente auf die Festigkeit über die Veränderung des Grundgefüges grösser. Eine vergleichende Übersicht über die spezifische Wirkung der Legierungselemente auf die Festigkeits- u. Zähigkeitseigenschaften geben die Tafeln 25 für ferritisches und 26 für perlitisches Gusseisen mit Kugelgraphit.

Auf Grund der Verknüpfung der verschiedenen mechanischen Eigenschaften miteinander und ihrer gleichzeitigen Beeinflussung durch Legierungszusätze ist es sinnvoll, Zugfestigkeit, Streckgrenze, Härte, Dehnung und Zähigkeit gemeinsam zu besprechen.

Für ein im Gusszustand ferritisches Gusseisen mit Kugelgraphit kommen als Legierungselemente zur Erhöhung von Zugfestigkeit und Streckgrenze ausser Silicium (Bild 86) das ebenfalls ferritisierende Element Kobalt (Bild 87) sowie in begrenzten Mengen Nickel (Bild 87) und Molybdän (Bild 88) in Frage. Molybdän steigert die Festigkeitseigenschaften stärker als Nickel u. Kobalt, wobei allerdings Dehnung und Zähigkeit verringert werden.

Der Legierungseinfluss für ferritisch geglühtes GGG geht aus den Bildern 89 bis 91 für Nickel, 92 für Kupfer und 93 für Molybdän hervor. Ausser Silicium haben Zusätze von Cu und Mo die stärkste spezifische Wirkung auf Zugfestigkeit und

Streckgrenze. Die Glühzeit muss jedoch meist zur vollständigen Ferritisierung verlängert werden.

Tafel 25 lässt erkennen, dass eine Streckgrenzensteigerung durch Nickel die geringste Versprödung, gemessen an der Übergangstemperatur der Kerbschlagzähigkeit, nach sich zieht. An zweiter Stelle steht das Kupfer, allerdings bei verlängerter Ferritisierungsdauer. In Bezug auf den Verlust an Bruchdehnung sind Nickel u. Kupfer etwa gleichwertig.

Zur Herstellung von perlitischem GGG im Gusszustand wird häufig ein Zusatz von Cu verwendet, das stark perlitisierend wirkt. Wie Bild 87 zeigt, werden Zugfestigkeit,Streckgrenze und Härte durch Zusatz von Cu zu einem ganz oder teilweise ferritischen Gefüge sehr rasch gesteigert , während Dehnung und Zähigkeit abfallen. Bei etwa 0,5 % Cu wird vollständig perlitisches Gefüge erreicht und Zugfestigkeit, Streckgrenze und Härte steigen zwar weiter, aber wesentlich langsamer, während die Dehnung bis 2 % Cu praktisch unverändert bleibt (vgl. auch Bild 92).

Cu erreicht bei perlitischem Grundgefüge neben Mo die stärkste spezifische Streckgrenzenerhöhung, wobei jedoch der mit der Verfestigung verbundene Dehnungsabfall am geringsten ist. Deshalb ist besonders Cu zur Erzeugung eines hochfesten Gusseisens mit Kugelgraphit mit guten Dehnungswerten zu empfehlen.

Zur Herstellung von perlitischem GGG im Gusszustand findet manchmal auch Zinn Verwendung, das noch stärker perlitisierend wirkt als Kupfer. Bei ferritisch-perlitischen Eisenwerkstoffen steigert ein Zinnzusatz von 0,05 bis max. 0,10 % infolge der Perlitisierung steil die Festigkeit und Härte, während Dehnung und Zähigkeit abfallen.

Wird hingegen mehr Zinn zugesetzt als zur vollständigen Perlitisierung nötig ist oder erfolgt ein Zinnzusatz zu bereits perlitischem Eisen, dann steigen zwar Streckgrenze und Härte weiter an, aber die Zugfestigkeit und vor allem die Zähigkeit fallen ab (Bilder 94b b, c).
Durch eine Wärmebehandlung kann dieser versprödende Einfluss etwas ausgeglichen und die Festigkeitswerte können noch erhöht werden (Bild 94c).

Zinn sollte daher nur dort eingesetzt werden, wo es z.B. aus Verschleissgründen vor allem auf ein vollständig perlitisches Grundgefüge und weniger auf hohe Zähigkeit ankommt. Ungünstig ist weiters, dass Zinn gerade bei Eisen mit hohem Si-Gehalt, das am ehesten zur Ferritisierung neigt, den stärksten negativen Einfluss auf die Zähigkeitseigenschaften hat[14].

Der Einfluss von Mo bei perlitischem GGG geht aus Bild 88 hervor. Die Übergangstemperatur der Schlagzähigkeit wird durch Mo sogar günstig beeinflusst. Dehnung und Zähigkeit werden mit steigenden Festigkeitseigenschaften nur geringfügig erniedrigt. Mo erhöht bei perlitischem GGG die Streckgrenze meist wesentlich stärker als die Festigkeit, so dass das Streckgrenzenverhältnis verbessert werden kann. Diese Tendenz kommt in Tafel 27 deutlich zum Ausdruck.

Molybdängehalte über 0,8 bis 1 % führen je nach Abkühlungsgeschw. zur Bildung von Zwischenstufengefüge (Bainit), so dass Mischgefüge mit ungünstigen mechanischen Eigenschaften (vgl. Bild 88, 2 % Mo) entstehen. Erst vollständig bainitische Gefüge, die durch gemeinsamen Zusatz von Mo und Ni oder Cu entstehen, haben wieder gute mechanische Eigenschaften. Derartige Eisensorten sind jedoch wegen ihres hohen Wärmeausdehnungskoeffizienten für Zylinderdeckel noch nicht eingesetzt worden.

Als Legierungszusatz für perlitisches GGG kommt in beschränktem Umfang noch Chrom in Frage, das jedoch wegen seiner starken Carbidbildungsneigung nur zusammen mit Nickel oder Kupfer angewendet werden sollte. Der Einfluss des Chroms auf die Eigenschaften von perlitischem GGG ist Bild 94a zu entnehmen.

Legierungskombinationen werden bei GGG im Gegensatz zu GGL weniger zur Verbesserung der mechanischen Eigenschaften bei RT, sondern vielmehr zur Einstellung eines bestimmten Gefüges und besonders zur Verbesserung der Eigenschaften bei höheren Temperaturen verwendet, was später noch besprochen werden wird.

Bei RT bringt das Mehrfachlegieren hinsichtlich der Kombinationen von Zugfestigkeit, Streckgrenze, Härte und Duktilität keine besonderen Vorteile gegenüber z.B. einem einfachen Nickelzusatz, solange nicht ein bainitisches Gefüge angestrebt wird[14]. Die mechanischen Eigenschaften einiger kombiniert legierter GGG sind in Tafel 28 zusammengestellt.

4.2.2.2 Druckfestigkeit und Stauchung bei RT

Die Druckfestigkeit wird bei dehnbaren Werkstoffen üblicherweise nicht bestimmt[75) 213)]. Trotzdem enthält Tafel 19 auch Anhaltspunkte für die Druckfestigkeit, leider ohne Versagenskriterium und ohne Quellenangabe. Nach G.N.J. Gilbert[75] ist das Spannungs-Dehnungs-Verhalten unter Druckbelastung weitgehend ähnlich dem unter Zugbelastung, was auch ein Vergleich der Bilder 95 und 96 erkennen lässt. Wie aus Tafel 29 hervorgeht, liegen die Dehngrenzen bei Druckbelastung geringfügig höher als bei Zugbeanspruchung.

Über den Einfluss von Legierungszusätzen auf die Werkstoffeigenschaften bei Druckbeanspruchung liegen keine Angaben vor.

Der Einfluss dürfte jedoch weitgehend gleich sein wie bei Zugbeanspruchung.

4.2.2.3 Kriechverhalten von Gusseisen mit Kugelgraphit (GGG) unter Zug- und Druckbelastung bei RT

Wie bei Gusseisen mit Lamellengraphit, so konnte auch bei den Gusseisensorten mit Kugelgraphit bereits bei RT Kriechen nachgewiesen werden, wenn die statische Belastung längere Zeit anhält und eine kritische Höhe überschreitet. Bisher sind 2 Untersuchungen[224][225] bekannt geworden, die sich mit dem RT-Kriechen von GGG auseinandersetzen und zu weitgehend übereinstimmenden Aussagen kommen.

Nach den Untersuchungen von A. Jöller[224] zeigt GGG bei Belastungen unterhalb der 0,2 %-Dehngrenze annähernd logarithmisches Kriechverhalten, wie dies auch bei GGL beobachtet worden ist[69][70]. Bei höheren Belastungen nimmt die Kriechverformung hyperbolischen Verlauf an, doch dieser Bereich kommt für Konstruktionsteile ohnehin nicht in Frage. Das ungünstigste Kriechverhalten zeigt ferritisches GGG (Bilder 97 und 98, Tafel 30). Bei einer Belastung von z.B. in Höhe der 0,2 % -Grenze von rd. 300 N/mm^2 kommt nach 1 Stunde bereits eine zusätzliche Kriechverformung von 0,15 %, nach 100 Std. von 0,3 bis 0,4 % zur Belastungsverformung von 0,2 % hinzu.

H. Dietrich u. W. Schmidt[225] geben an, dass ferritisches GGG bereits nach Überschreiten der 0,02%-Grenze stark zu kriechen beginnt und folgern, dass für formstabile Bauteile eine Belastung, die zu einer bleibenden Anfangsverformung führt, nicht zulässig ist, weil immer dann, wenn bleibende Verformungen bei der Belastung festgestellt werden, auch Kriechen auftrat. Sowohl H. Dietrich u. W. Schmidt[225] als auch A. Jöller [224] zogen aus ihren Untersuchungen den Schluss, dass die 0,01 % Dehngrenze ein technisch brauchbares Mass der Elastizitätsgrenze sei und damit im oben erwähnten Sinn auch als Kriechgrenze angewendet werden kann. Da sich die GGG-Werkstoffe, wie die Bilder 97 und 98 erkennen lassen, bei Zug- und Druckbelastung praktisch gleich verhalten, wäre diese Kriechgrenze für beide Belastungsfälle gültig.

Ein Vergleich der in Tafel 30 für den Druckversuch angegebenen 0,01 % Grenzen mit den Kriechkurven in Bild 98 lässt jedoch erkennen, dass bei Belastungen in dieser Höhe bei 100 Stunden Beanspruchung beim ferritischen GGG bereits Kriechverformungen um 0,04 % beobachtet werden, während der perlitische Werkstoff weitgehend stabil bleibt. Eine geeignetere Belastungsgrenze gegen RT-Kriechen scheint eine zulässige Grenzbelastung von 70 % der 0,2-Grenze zu sein, eine Beziehung, die auch für austenitische Walz- u. Schmiedestähle angegeben wird.[225]

Für Konstruktionsberechnungen empfiehlt K.B. Palmer[58] maximal zulässige Spannungen von 75 % der Proportionalitätsgrenze, die er für ferritisches GGG mit 0,70 x 0,1 %-Grenze und für perlitisches GGG mit 0,60 x 0,1 %-Grenze angibt. Danach ergeben sich max. Konstruktionsspannungen von 52 % der 0,1%-Grenze für ferritisches und von 45 % der 0,1 %-Grenze für perlitisches GGG (Tafel 33). Diese Angaben wurden zwar für Zugbeanspruchung gemacht, sind aber, da das Verformungs- und Kriechverhalten bei Druckbelastung nicht wesentlich unterschiedlich ist, auch auf den Druckbereich übertragbar.

Zum Vergleich des RT-Kriechverhaltens von GGG und GGL wurden Zug- und Druckkriechkurven für perlitisches GGL 30 (20 mm Wanddicke) für 1 Stunde und 100 Stunden Beanspruchungsdauer[69] in die Bilder 97 und 98 aufgenommen. Dabei zeigt sich, dass das hochfeste GGL bei Zugbelastung stärker kriecht als ferritisches GGG 40. Im Druckbereich hingegen wird das Kriech-

verhalten von GGL mit zunehmender Beanspruchungsdauer und Belastungshöhe günstiger und ab einer Beanspruchung von rd. 90 % der 0,2-Grenze von GGG ist GGL 30 dem Gusseisen mit Kugelgraphit deutlich überlegen, d.h. GGL 30 ist in der Lage, deutlich höhere Druckbelastungen zu ertragen als GGG 40 bzw. GGG 50, wenn geringe Kriechverformungen in Kauf genommen werden. Dabei könnten die in den Bildern 97 und 98 für GGL 30 angegebenen Kriechbeträge durch vorheriges mechanisches Trainieren (vgl. Pkt. 4.2.1.4) noch erheblich vermindert werden.
Es ist nicht bekannt, ob auch bei GGG ähnlich wie bei GGL das Kriechen durch eine mechanische Trainierbehandlung, d.h. durch mehrmalige Vorbelastung, verringert werden kann.
Die aufgezeigten Kriechvorgänge führen bei aufgezwungenen plastischen Verformungen, wie sie nach thermischer Belastung nach dem Abkühlen auftreten können, zu Relaxation der thermischen Restspannungen auch bei RT, wenn die thermischen Restspannungen die Kriechspannungsgrenze überschreiten. Die Relaxation gehorcht annähernd einem logarithmisch linearen Zeitgesetz. Bild 99[39] zeigt den zeitabhängigen Spannungsabfall bei RT für GGG 40 bei drei verschiedenen Ausgangsspannungen. Weitere Untersuchungsergebnisse liegen nicht vor.

Ein Einfluss von Legierungszusätzen auf das RT-Kriechverhalten wurde bisher nicht untersucht. Es darf jedoch erwartet werden, dass festigkeitssteigernde Massnahmen auch das RT-Kriechverhalten verbessern.

4.2.2.4 Festigkeitseigenschaften bei höheren Temperaturen bis 500°C

4.2.2.4.1 Kurzzeitverhalten unter Zug- u. Druckbeanspruchung sowie Härte

Im Gegensatz zu Gusseisen mit Lamellengraphit tritt bei GGG bei Temperaturerhöhung bereits im Gebiet unter 300°C ein Festigkeitsabfall gegenüber RT ein[14)40)21)58)], der bei den perlitischen Qualitäten stärker ausgeprägt ist. Bild 100 zeigt eine zusammenfassende Auswertung von Warmzugversuchen an ferritischem und perlitischem Gusseisen mit Kugelgraphit. Der perlitische Werkstoff hat zwar eine höhere Festigkeit, die aber mit steigender Temperatur über 300°C durch den Perlitzerfall sehr rasch verloren geht. Einzelergebnisse für ferritisches und perlitisches GGG sind den Bildern 101 und 102 zu entnehmen, die auch Angaben für verschiedene Dehngrenzen enthalten.

Der in den Bildern 100 und 102 aufgezeigte, mit steigender Temperatur rasch fortschreitende Festigkeitsabfall perlitischer GGG-Sorten tritt nur bei niedrigen P-Gehalten um 0,02 % auf, während bei höheren P-Gehalten ein Abfall der Festigkeit erst über 300°C beobachtet wird (Bild 103). Perlitisches GGG mit 0,05 bis 0,1 % P hat auch bei höheren Temperaturen höhere Festigkeit, allerdings tritt bei RT eine gewisse Zähigkeitsverminderung auf[21)].

Vergleicht man die von J.A. Dilewijns[44)] mitgeteilten Untersuchungsergebnisse (Bild 104) mit den Resultaten von K.B. Palmer[58)] (Bild 102a), so fällt auf, dass das von K.B. Palmer untersuchte Gusseisen bei etwa vergleichbarer RT-Festigkeit mit steigender Temperatur einen viel rascheren Festigkeitsverlust und eine stärkere Dehnungsabnahme erleidet, als dies bei den GGG-Sorten von J.A. Dilewijns der Fall ist. Ein Vergleich der Zusammensetzungen lässt schliessen, dass dieses unterschiedliche Verhalten nur auf den höheren Phosphorgehalt von 0,033 bis 0,044%der von J.A. Dilewijns untersuchten Proben gegenüber dem sehr niedrigen P-Gehalt von 0,014 % des von K.B. Palmer geprüften Eisens zurückzuführen ist. Ein Legierungseinfluss kann ausgeschlossen werden, da sich dieser Einfluss des Phosphorgehaltes auch sehr deutlich beim unlegierten, ferritischen GGG mit 0,033 bis 0,040 % P nach Bild 105 zeigt, dessen Festigkeitsabfall ebenfalls wesentlich geringer ist als bei dem in Bild 101 mit 0,015 %P untersuchten, ferritischen Eisen.

Dieser günstige Einfluss des P-Gehaltes kommt im verstärkten Ausmass auch bei der Streckgrenze zum Tragen, wo nicht nur deren Abfall mit steigender Temperatur bis 500°C erheblich vermindert wird, sondern auch eine nicht unbeträchtliche Streckgrenzenerhöhung und damit verbunden eine Anhebung des Streckgrenzenverhältnisses durch den P-Gehalt festgestellt werden kann. Auf die absolute Höhe der Bruchdehnung haben die untersuchten P-Gehalte keinen entscheidenden Einfluss. Bei den P-reichen Eisensorten tritt der Dehnungsabfall erst bei höheren Temperaturen ein. Auch die perlitischen P-reicheren Eisen haben im Temperaturbereich bis 500°C noch Dehnungswerte von meistens weit über 4 %.

Diese für die Warmfestigkeit günstigen höheren P-Gehalte von rund 0,04 % scheinen sich auch auf die Kerbschlagzähigkeit nicht ungünstig auszuwirken, wie aus Bild 106 zu entnehmen ist. Die hier mit 0,04 % P erreichbaren Kerbschlagzähigkeitswerte der ferritischen Eisen 1 und 2 sind mit den mit 0,02%P erreichten Kerbschlagzähigkeitswerten nach Bild 91 (Kurven ohne Nickelzusatz) durchaus vergleichbar.

Hinsichtlich des Einflusses der Legierungszusätze Sn, Ni und Cu auf die Warmfestigkeit liegt deren Wirkung etwa steigend in der genannten Reihenfolge, ist jedoch insgesamt nicht sehr hoch, so dass diese Zusätze kaum zur Steigerung der Warmfestigkeit in Frage kommen.

Die grösste Steigerung der Warmfestigkeit wird durch Mo [150] erreicht, wobei die günstigste Zusatzmenge zwischen 0,5 bis 1%

liegen dürfte. Bei vollständig ferritischem GGG werden allerdings Dehnung und Zähigkeit etwas verschlechtert[14]. Nach [226] können bei ferritischem GGG durch 0,5 % Mo-Zusatz bei 450°C noch Zugfestigkeiten von rd. 40 kp/mm^2, Streckgrenzen von etwa 18 kp/mm^2 und Bruchdehnungen um 17 % erreicht werden (Bild 107 e).

Auch bei perlitischem GGG liegt die optimale Zusatzmenge in diesen Grenzen, wie Bild 107 a-d und Bild 107 f erkennen lassen und auch an anderer Stelle gefunden wurde[153].

Über den Einfluss von Legierungskombinationen liegen keine systematischen Untersuchungen vor. K. Röhrig[14] hat jedoch eine Reihe von Einzelergebnissen zusammengetragen, die in Tafel 32a wiedergegeben sind. Tafel 32b enthält die Eigenschaften eines komplex legierten perlitischen GGG nach Ergebnissen von A.M. Petricenko u. Mitarb.[192]. Je geringer die Anforderungen an die Duktilität bei RT sind, desto bessere Eigenschaften bei erhöhter Temperatur lassen sich bei niedriglegiertem GGG durch Legierungszusätze erreichen.

Über die Druckfestigkeitseigenschaften bei höheren Temperaturen liegen keine Angaben vor. Sie dürften sich jedoch sehr ähnlich verhalten wie die Warmfestigkeitseigenschaften unter Zugbeanspruchung.

Auch die Härte verhält sich mit steigender Temperatur ähnlich wie die Zugfestigkeit, was in den Bildern 108a und b zum Ausdruck kommt.

4.2.2.4.2 Kriechverhalten unter Zug- u. Druckbeanspruchung sowie Relaxationsverhalten bei höheren Temperaturen

Der Einfluss der Kriechverformung auf die Beanspruchungsverhältnisse am Zylinderdeckel und der Mechanismus des Kriechens wurden bereits bei der Besprechung des Kriechverhaltens von GGL (Abschnitt 4.2.1.5.2) ausführlich erörtert, so dass hier nur mehr auf das Werkstoffverhalten von GGG eingegangen werden soll.

Der Vorteil höherer Warmfestigkeit der perlitischen GGG-Sorten geht bei Temperaturen über 350°C und längeren Beanspruchungsdauern bald verloren. Diese Erkenntnis lässt sich aus Bild 109 entnehmen, das die bei verschiedenen Dehngeschwindigkeiten in Abhängigkeit von der Temperatur gemessenen Zugfestigkeiten zeigt[72)]. Die Kurven für das perlitische Eisen sind ab einer Prüftemperatur von 400°C deutlich steiler als die des ferritischen Werkstoffes, zeigen also einen höheren Festigkeitsverlust mit der Zeit. Die Angabe von Zeitstandfestigkeiten für unlegiertes, perlitisches Gusseisen mit Kugelgraphit ist daher oberhalb von 350 bis 400°C nicht mehr sinnvoll, da das Gefüge sich so lange ändert, bis es ferritisch ist und somit laufend an Festigkeit verliert[14)].

Dieser Prozess wird durch Einwirkung äusserer Spannungen noch beschleunigt[189) 228)].
Dies muss insbesondere bei der Anwendung des Larson-Miller-Parameters[49)] nach Bild 112 zur Beurteilung des Kriechverhaltens berücksichtigt werden, weil es dabei zu Fehlschlüssen kommen kann, wenn keine Begrenzung der Temperatur angegeben ist.

Das in Bild 109 gezeigte unlegierte ferritische GGG mit niedrigem Mn-Gehalt von 0,08 % beginnt bereits über 200°C zu kriechen. Durch Erhöhung des Mn-Gehaltes auf z.B. 0,30 % kann die Kriechfestigkeit etwas angehoben werden, sodass erst zwischen etwa 250 bis 300°C Kriechen eintritt[72].

Da demnach mit Hochtemperaturkriechvorgängen erst ab etwa 300°C zu rechnen ist, können nach K.B. Palmer[58] die zulässigen Spannungen für Konstruktionsberechnungen auf Grund statisch ermittelter Dehngrenzen bei der entsprechenden Temperatur festgelegt werden. Hierfür empfiehlt K.B. Palmer die in Tafel 33 angeführten Werte.

Für Temperaturen über 300 - 350°C muss das Kriechverhalten mitberücksichtigt werden (Bilder 110 bis 112).

Für die Bemessung sehr formstabiler Bauteile empfiehlt K.B. Palmer[21] max. zulässige Konstruktionsspannungen in Höhe von 1/3 der, der jeweiligen Betriebstemperatur zugeordneten 100.000-h-Zeitstandfestigkeit zu grunde zu legen, wie sie in Tafel 34 angegeben sind und für andere Temperaturen auch aus Bild 112 entnommen werden können.
Die Widerstandsfähigkeit gegen Kriechen wird, wie in Abschnitt 4.2.1.5.2 bereits ausgeführt, durch Einbau von Fremdatomen in das Gitter, also Legieren mit geeigneten Elementen, erhöht. Wirksamer sind jedoch feinverteilte Zweitphasenausscheidungen im Gefüge, die zu einer Dispersionshärtung führen. Voraussetzung für die Wirksamkeit dieser Ausscheidungen ist - meist handelt es sich dabei um Karbide - dass sie weder aufgelöst oder zersetzt werden, noch durch Koagulation zu unwirksamer Grösse anwachsen[14]. Wie höhere Mangangehalte, so führen auch höhere Siliciumgehalte, vorzugsweise in Verbindung mit Nickelzusätzen, zu einer geringfügigen Verbesserung des Kriechverhaltens[72]. Eine Erhöhung des Si-Gehaltes verschlechtert jedoch die Wärmeleitfähigkeit stark, was für Zylinderkopfwerkstoffe ungünstig ist.

Die Perlitisierung durch Kupfer überdauert keine längere Einwirkung höherer Temperaturen[14], so dass in der Regel weder Cu noch Ni als Legierungselemente zur Steigerung der Zeitstandfestigkeit verwendet werden können.

Den günstigsten Einfluss auf das Kriechverhalten zeigt Molybdän, das durch Ausscheidung feinst verteilter Molybdänkarbide, die auch bei langzeitiger Temperaturbeanspruchung nicht aufgelöst oder koaguliert werden, den Kriechmechanismus weitgehend blockiert. Bereits 0,5 % Mo führen bei ferritisch geglühtem Gusseisen mit Kugelgraphit zu einer Verbesserung des Zeitstandverhaltens bei 10^4 bzw. 10^5 Stunden und 400°C auf das 1,5-bis 2-fache gegenüber unlegiertem Material, wobei sich der Mo-Zusatz jedoch erst ab etwa 350°C deutlicher auswirkt[72] (Bild 113). Der günstige Einfluss des Mo-Gehaltes auf das Zeitstandverhalten geht auch aus den Werten in Bild 114a und b deutlich hervor. Auch in Gussstücken mit grossen Wanddicken (Bild 115) macht sich der positive Einfluss von Mo in gleicher Weise bemerkbar. Auch hier scheint ein Molybdänzusatz von 0,5 % optimal zu sein, da höhere Zugabemengen bis 1 % keine nennenswerte Steigerung der Zeitstandfestigkeit mehr bringen. Bei höheren Gehalten besteht ausserdem die Gefahr des Auftretens von Perlitresten und Karbidanteilen im Gefüge, die sich nur schwer durch Wärmebehandlung beseitigen lassen, Dehnung und Zähigkeit jedoch merklich erniedrigen. Deshalb ist ein Mo-Gehalt von rd. 0,5 % zu empfehlen, zumal mit diesem Gehalt auch im Gusszustand noch ein rein ferritisches Gefüge erwartet werden darf[228].

Unlegierte und legierte ferritisch-perlitische und perlitische Gusseisenwerkstoffe mit Kugelgraphit haben wesentlich höhere Zeitstandfestigkeitseigenschaften als ferritische (vgl. Bild 112, Tafel 34), jedoch muss hier die allmähliche Zersetzung des Perlits bei Temperaturen über 400°C und längeren Zeiten mitberücksichtigt werden.

Bei perlitischem Gusseisen mit Kugelgraphit wirkt sich ein Molybdängehalt in ähnlicher Weise kriechneigungsvermindernd aus wie bei ferritischem Gefüge, was aus den Bildern 116 und 117 hervorgeht.

Über das Relaxationsverhalten von GGG unter Zugbeanspruchung liegen nur 2 Literaturhinweise vor[14) 159)], leider nicht im für Zylinderdeckel vorwiegend interessierenden Temperaturbereich von 300 bis 400°C.

Die Bilder 118a bis c zeigen Relaxationskurven für ferritischen GGG bei 500 und 550°C. Wie aus Bild 118a zu erkennen ist, tritt bei höchster Anfangsbelastung und damit verbundener höchster Anfangsdehnung nach 10 Std. auch die höchste Relaxations-Endspannung auf. Diese liegt umso niedriger, je niedriger die Anfangsdehnung ist. In Bild 118b ist die Relaxations-Endspannung über der Zeit und der gesamten Anfangsdehnung in räumlicher Darstellung aufgetragen. Bild 118c stellt Schnitte durch ein räumliches Relaxations-Schaubild bei 550°C bei konstanten Zeiten dar. Die der Spannung proportionale Dehnung nimmt mit fortschreitender Zeit längs einer unter 45° geneigten Linie ab und dafür die bleibende Dehnung um den gleichen Betrag zu. Dabei ist zu beachten, dass die auf der Belastungskurve in einer Höhe von 4,3 kp/mm² liegende Elastizitätsgrenze $\sigma_{0,01}$ während der 24 h dauernden Relaxationszeit auf den kleinen Betrag von nur mehr 0,7 kp/mm² abgesunken ist[159)].

Das Relaxationsverhalten von unlegiertem und Cu-Mo-legiertem, perlitischem GGG [14)] bei 450 und 525°C ist Bild 119 zu entnehmen. Das Bild zeigt deutlich, dass die höhere Kriechfestigkeit des Mo-legierten Eisens auch das Relaxationsverhalten deutlich beeinflusst. Die molybdänlegierten Sorten halten die Spannung wesentlich länger. In Übereinstimmung mit anderen Untersuchungen ist zu erkennen, dass Mo-Gehalte über

0,5 % hinaus keine weiteren Vorteile mehr bringen.

Wie bereits im Abschnitt 4.2.1.5.2 näher erläutert, kommt bei der thermischen Beanspruchung eines Zylinderdeckels dem Hochtemperaturkriechen unter Druckspannungen besondere Bedeutung zu. Diesbezügliche Untersuchungen wurden nur an einer Stelle durchgeführt[116)], und zwar an einem Gusseisen mit Kugelgraphit im Gusszustand (mit überwiegend perlitischem Grundgefüge, Eisen F nach Tafel 16) entsprechend Qualität GGG 60, sowie am gleichen Eisen nach ferritisierender Glühung (mit überwiegend ferritischem Grundgefüge, Eisen G nach Tafel 16), entsprechend Qualität GGG 50. Wie aus Bild 35 zu erkennen ist, tritt auch bei Gusseisen mit Kugelgraphit wie bei GGL bei Temperaturen über 300°C bei einer Druckbelastung von 230 N/mm² bereits merkliches Kriechen auf, wobei perlitisches GGG bis etwa 400°C günstiger liegt als ferritisches GGG, beide jedoch einem hochfesten Mo-legierten GGL 30 (Eisen E nach Tafel 16) eindeutig unterlegen sind, besonders bei Temperatursteigerung bis nahe 500°C. Einen Vergleich des Kriechverhaltens bei 400 und 450°C geben die Bilder 37 und 38.

Bei langandauernder Druckbelastung, z.B. infolge thermischer Ausdehnung, kommt es infolge Kriechens zu einer Spannungsabnahme oder Relaxation. Das Relaxationsverhalten unter Druckbeanspruchung im Temperaturbereich von 250 bis 475°C und für Anfangsdruckspannungen von 230 bis 620 N/mm² zeigen die Bilder 39 und 40. Danach zeigen unlegiertes, ferritisches GGG 50 (Eisen G) und unlegiertes, perlitisches GGL (Eisen N) weitgehend ähnliche Eigenschaften, während unlegiertes, perlitisches GGG 60 (Eisen F) wesentlich günstiger liegt und dem Mo-legierten, hochfesten GGL 30 (Eisen E) nahe kommt.

4.2.2.5 E-Modul und Poisson-Zahl von GGG bei RT und höheren Temperaturen

Wie die Bilder 95 und 96 erkennen lassen, weisen die Gusseisensorten mit Kugelgraphit im Spannungs-Verformungs-Diagramm sowohl bei Zug- (Bild 95) als auch bei Druckbeanspruchung (Bild 96) einen ausgeprägten Proportionalitätsbereich auf, so dass, wie bei Stahl, ein echter E-Modul angegeben werden kann, der bis zur Elastizitätsgrenze konstant bleibt.

Der E-Modul ist unter Zug- und Druckbelastung gleich hoch[14)43)75)213)] und liegt üblicherweise im Bereich von 160 bis 185 kN/mm^2 (Tafel 19). Er ist, wie Bild 43 zeigt, infolge der kompakten Graphitausbildung wesentlich höher als bei Gusseisen mit Lamellengraphit und nimmt mit steigendem Graphitgehalt auch weniger stark ab. Der Einfluss des Graphitgehaltes (Gesamtkohlenstoff abzüglich des im Perlit des Grundgefüges gebundenen Kohlenstoffes) auf den E-Modul kann nach der Beziehung

$$E_0 = 21000 - 1389 \cdot \% \text{ Graphit} \qquad (\text{in } kp/mm^2)$$

für Graphit $\leq$ 3,6 % mit ausreichender Genauigkeit abgeschätzt werden. Für irgendeine beliebige Graphitmenge bis 2,3 % erniedrigen Lamellengraphiteinlagerungen den E_0-Modul rd. 2,4 mal stärker als Kugelgraphit. Für höhere Graphitgehalte beträgt dieser Formeinfluss sogar 5,3[43)]. Grundgefüge, Graphitkugelgrösse und -verteilung sowie Legierungselemente sind von untergeordneter Bedeutung[14) 75)213)] und beeinflussen den E-Modul kaum.

Für ein ferritisch geglühtes und nach der Probenbearbeitung zusätzlich bei 600°C spannungsfrei geglühtes GGG 40 mit 3,65 % C, 2,5 % Si und 0,05 % Mn geben S. Riegger u. Mitarbeiter[40)] einen E-Modul bei RT von 160 kN/mm^2 an. Sie finden, dass erst über einer Spannung von 0,85 x $\sigma_{0,2}$ die erste merkliche Abweichung vom konstanten Kurvenanstieg auftritt. Daraus kann man schliessen, dass erst über dieser Beanspruchungsgrenze eine spannungsabhängige Abnahme des E-Moduls zu erwarten ist. Diesbezügliche Untersuchungsergebnisse liegen nicht vor.

E-Modulwerte bei RT von perlitischen GGG-Sorten wurden von K. Reifferscheid angegeben und sind Tafel 35a, b und Bild 82c zu entnehmen. Die im Gusszustand (Tafel 35a) gegenüber dem normalisierten (perlitisch geglühten) Zustand (Tafel 35b) auffallend niedrigeren E-Modulwerte sind wahrscheinlich auf Eigenspannungen der Proben im Gusszustand zurückzuführen. Bild 82c zeigt auch deutlich, dass kein Einfluss der Wanddicke auf den E-Modul vorhanden ist.

Die Spannungsabhängigkeit des E-Moduls von perlitischem GGG wurde von H. Nieth[167)] untersucht, wobei auch der Einfluss einer Vorbelastung geprüft wurde. Die Ergebnisse zeigt Bild 120 im Vergleich zu hochfestem GGL. Während im nicht vorbelasteten Zustand ein sehr geringer spannungsabhängiger Abfall des E-Moduls vorhanden zu sein scheint, ist dies nach Vorbelastung nicht mehr der Fall. Erst bei Belastungen über etwa 0,8 x $\sigma_{0,2}$ tritt mit einsetzender plastischer Verformung ein starker Abfall des E-Moduls mit weiter steigender Beanspruchung auf.

Die Poisson'sche Zahl ist nach Untersuchungen von G.N.J. Gilbert[75)] konstant und beträgt für Gusseisen mit Kugelgraphit aller Qualitäten 0,275.

Über das Verhalten des E-Moduls bei höherer Temperatur liegen nur wenige Angaben vor[117) 228) 229)], die in Bild 121 zusammenfassend ausgewertet wurden. Die Streuung, selbst innerhalb der ferritisch geglühten Sorten 1 bis 4 mit nahezu gleichen C- und Si-Gehalten, ist sehr gross und dürfte teilweise dadurch bedingt sein, dass die E-Modulmessungen an den Eisen 1 bis 3 im spannungslosen Zustand im Resonanzfrequenzverfahren (Elastomat) durchgeführt, an den Eisen 4 und 5 jedoch am rotierenden (90 U/min) Biegestab vorgenommen worden sind.

Die GGG-Sorten 4 (G) und 5 (F) sind auch in Bild 55 im Vergleich zu Grauguss dargestellt.

Die mittlere Abfallsrate des E-Moduls bewegt sich nach diesen Untersuchungsergebnissen im Bereich von 30 bis 60 N/mm^2 je ^oC Temperaturerhöhung, wobei der höhere Wert als wahrscheinlicher anzusehen ist und damit der Abfall rascher erfolgen dürfte als bei GGL (vgl. Abschnitt 4.2.1.6).

Über die Temperaturabhängigkeit der Poisson-Zahl liegen keine Angaben vor.

4.2.2.6 Dauerfestigkeit von GGG bei RT und bei höheren Temperaturen

Allgemeine Ausführungen zur Dauerfestigkeit wurden bereits im Abschnitt 4.2.1.7 gemacht und die möglichen Belastungsfälle aufgezählt.

Dauerfestigkeitsschaubilder für die nach DIN 1693 genormten Werkstoffsorten zeigen die Bilder 122 bis 124.

Die Dauerfestigkeitsbilder für Zug und Zug-Druck (Bild 122) sind mit der genormten Streckgrenze σ_s und mit einer angenommenen Zug-Druck-Wechselfestigkeit von $\sigma_{zdW} = 0{,}30 \cdot \sigma_B$ entworfen.

Die Biegestreckgrenze σ_{bs} (Bild 123) ist mit einer durchschnittlichen Überhöhung von 40 % über der Zugstreckgrenze σ_s angenommen. Die Biegewechselfestigkeit ist wie bei Stahl mit $\sigma_{bW} = 0{,}50 \cdot \sigma_B$ eingesetzt.

Für Bild 124 wurde wie bei Stahl $\tau_{ts} = 0{,}85 \cdot \sigma_s$ und für die Verdrehwechselfestigkeit $\tau_{tw} = 0{,}58 \cdot \sigma_{bw}$ zugrunde gelegt[55].

P. Hänsel[168] ermittelte Dauerfestigkeitsschaubilder für ferritisches (GGG 40) und perlitisch-ferritisches (GGG 60) Gusseisen mit Kugelgraphit an ungekerbten , polierten Proben aus Y-Probestücken mit 25 mm Wanddicke, sowohl im Umlaufbiegewechsel- als auch im Zug-Druckwechselversuch. Die Schaubilder, die auch den Druckschwellbereich miterfassen, sind in den Bildern 125 und 126 dargestellt. Die statischen Festigkeitswerte der beiden untersuchten Werkstoffqualitäten sowie die zur Aufstellung der Schaubilder ermittelten dynamischen Werkstoffkennwerte sind den Tafeln neben den Bildern 125/126 zu entnehmen. Auch bei Gusseisen mit Kugelgraphit erhält man, wie bei Gusseisen mit Lamellengraphit, ein asymmetrisches Smith-Diagramm, da die Eigenschaften des GGG zwischen denen des Stahles und denen des GGL liegen. Die im Druckbereich durchgeführten Schwingversuche erbrachten eine Verbreiterung des Diagrammes im Druckbereich (Bilder 125/126), die sich jedoch nicht im gleichen Maße ausnutzen lässt wie bei GGL, weil GGG eine Stauchgrenze besitzt.

Obwohl die Smith-Diagramme im allgemeinen über die Fliessgrenze hinaus verlaufen (vgl. Bilder 127/128), werden sie für den praktischen Gebrauch durch eine Linie in Höhe der Fliessgrenze abgeschnitten, denn schwingende Beanspruchungen oberhalb der Fliessgrenze führen, solange sie innerhalb des Bereiches des Smith-Diagrammes liegen, zwar zu keinem Dauerbruch, aber während der ersten Lastspiele zu Verformungen, die für ein Maschinenteil im allgemeinen nicht zulässig sind[168].

Die Stauchgrenze entspricht zahlenmässig etwa der Streckgrenze . Die ermittelten Biegefliessgrenzen liegen wesentlich höher als die entsprechenden Streckgrenzen, etwa in der Höhe der Zugfestigkeit. Als obere Begrenzung des Smith-Diagrammes für Biegung wurde die Mindestzugfestigkeit nach DIN 1693 genommen, da die maximal auftretende nominelle Biegespannung aus Sicherheitsgründen die Zugfestigkeit nicht überschreiten sollte.

Die Dauerfestigkeit des Gusseisens mit Kugelgraphit nimmt mit steigender Zugfestigkeit bzw. Streckgrenze zu, wobei der Anstieg nicht proportional erfolgt, sondern, wie Bild 129 zeigt, mit zunehmender Streckgrenze flacher wird. Das Dauerfestigkeitsverhältnis Biegewechselfestigkeit/Zugfestigkeit nimmt daher mit steigender Festigkeit ab, wie aus Bild 130 hervorgeht. Die Abhängigkeit des Dauerfestigkeitsverhältnisses beruht auf der Empfindlichkeit des Gefüges gegen Kerben, wobei die Empfindlichkeit von Ferrit über Perlit zum Vergütungsgefüge hin zunimmt. Nichtkugelige Graphitformen sowie Anteile von Ledeburit können die Dauerfestigkeit vermindern und das Dauerfestigkeitsverhältnis verkleinern. Auch eine Erhöhung der Wandstärke scheint in dieser Richtung zu wirken[14)]. Im Bereich der genormten Sorten wird für die Umlaufbiegeprüfung an ungekerbten Proben die in Bild 130 als Gerade eingezeichnete Abhängigkeit angegeben[202)226)] (vgl. auch Tafel 19).

Nach englischen Untersuchungen[77)] bestehen für ferritisches und perlitisches Eisen zwei verschieden steil verlaufende lineare Beziehungen (Bild 131), die aber, obwohl theoretisch einleuchtend, den Verlauf des Streufeldes nicht so gut beschreiben wie die in Bild 130 angegebene empirische Beziehung[14)].

Aus Bild 130 ist auch abzuleiten, dass Legierungselemente keinen direkten Einfluss auf das Dauerfestigkeitsverhältnis haben. Der Einfluss auf die Dauerfestigkeit beruht auf ihrem Einfluss auf Gefüge und Festigkeit, so dass ein Zusatz von Legierungselementen entsprechend dem Anstieg der Festigkeit auch die Dauerfestigkeit erhöht. Dies kommt in den Bildern 132a bis d am

Beispiel des Siliciums deutlich zum Ausdruck[77], das häufig zur Erhöhung der Dauerfestigkeit Verwendung findet. Bei temperaturwechselbeanspruchten Bauteilen kann dieser Weg zur Dauerfestigkeitserhöhung allerdings nachteilig sein, weil Silicium die Wärmeleitfähigkeit des GGG (vgl. Abschnitt 4.3.2) erheblich verschlechtert.

Als Richtwert für den Konstrukteur kann bei ferritischem GGG 40 ein Dauerfestigkeitsverhältnis von 0,5 und für perlitisches GGG 60/70 ein solches von 0,4 zugrunde gelegt werden[14] [77]. Dies gilt für die üblichen kommerziell hergestellten Eisensorten mit Siliciumgehalten bis 2,5 %[77], (vgl. auch Tafel 37).

Obwohl sich viele Untersuchungen mit dem Ermüdungsverhalten von Gusseisen befassen, sind nur wenige Angaben über den Einfluss der Graphitausbildung vorhanden[176] [186].

Bei GGL ist die Rissausbreitung, bei GGG hingegen die Rissbildung für das Auftreten eines Dauerbruches entscheidend. Die Entstehung der Risse im Mikrogefüge geht von den Enden der Graphitlamellen bzw. von der Peripherie der Sphäroliten aus [68][170][186], sodass Grösse und Form des Graphits in bezug auf dessen Kerbwirkung von grossem Einfluss sind. K. Ikawa und G. Ohira[186] studierten den Einfluss verschiedener Graphitstrukturen auf die Ermüdungsfestigkeit an 11 Gusseisen mit Kugelgraphit mit verschiedenen Kugelgraphitanteilen. Zusammensetzung, Gefügeausbildung, mechanische Eigenschaften und Wöhlerkurven sind Bild 133 zu entnehmen. Es soll darauf hingewiesen werden, dass die untersuchten Eisensorten relativ hohe Mangangehalte von über 1 % sowie ebenfalls ungewöhnlich hohe Phosphorgehalte von 0,136 % enthalten. Wie zu erwarten, wird die höchste Dauerfestigkeit nur bei einwandfrei kugeliger Graphitausbildung (Eisen N 11) erreicht.

Der Einfluss von Kerben auf das Dauerschwingverhalten ist von grosser praktischer Bedeutung, da jedes Bauteil in irgend einer Form Kerben besitzt. Als Kerbe im weitesten Sinn kann dabei jede Querschnittsänderung angesehen werden. Kerben führen bei Belastung zu einem mehrachsigen Spannungszustand und zu Spannungsspitzen im Kerbgrund, die erheblich höher liegen können als die angelegte Nennspannung. Die Dauerfestigkeit gekerbter Proben ist daher im allgemeinen kleiner als die Dauerfestigkeit ungekerbter, glatter Proben. Zur Charakterisierung des Kerbeinflusses auf die Dauerfestigkeit dient die Kerbwirkungszahl β_K als Verhältnis von Dauerfestigkeit ungekerbter Proben zur Dauerfestigkeit gekerbter Proben.

Wie bereits angedeutet, wird die Dauerfestigkeit durch äussere Kerben sowohl bei ferritischem als auch bei perlitischem GGG stark vermindert (Bild 134), wobei die Kerbempfindlichkeit des Werkstoffes mit steigender Festigkeit zunimmt (Tafel 36). Wie aus Bild 129 hervorgeht, nimmt die Dauerfestigkeit der gekerbten Proben von einer bestimmten Streckgrenzenhöhe an nicht mehr zu, obwohl Streckgrenze und Zugfestigkeit weiter ansteigen. So betragen z.B. die Kerbwirkungszahlen der in den Bildern 129 und 134 (siehe Zahlentafel) aufgeführten Werkstoffe β_K = 1,66 bei der ferritischen Qualität mit 44 bis 46 kp/mm2 Zugfestigkeit und β_K = 1,89 bei der perlitischen Sorte mit 84 bis 89 kp/mm^2 Zugfestigkeit. Eine Steigerung der Festigkeit bei gleicher Grundmasse, z.B. beim perlitischen Eisen in Tafel 36, kann die Kerbwirkungszahl von 1,44 auf 1,63 erhöhen, so dass die Dauerfestigkeit an den gekerbten Proben gleich bleibt.

Richtwerte für den Konstrukteur zur Berechnung der Dauerwechselfestigkeit von GGG im ungekerbten und gekerbten Zustand sind in Tafel 37 zusammengefasst.

Der Einfluss von Legierungszusätzen wurde bisher noch nicht

systematisch untersucht, dürfte aber durch die Verfestigung in ähnlicher Weise wie eine Erhöhung des Siliciumgehaltes (Tafel 36) die Kerbwirkungszahl erhöhen. Besondere Wirkungen im Vergleich zu einer durch Wärmebehandlung des unlegierten Gusseisens erzielten Festigkeitssteigerung sind nicht zu erwarten[14]. Wenn eine gewisse Streuung innerhalb der Untersuchungsergebnisse verschiedener Autoren auftritt, so sind diese Unterschiede zum Teil auch auf verschiedene Geometrie u. Durchmesser der für die Untersuchungen verwendeten Proben zurückzuführen. Eine Berücksichtigung beim Vergleich ist infolge mangelhafter Versuchsbeschreibung vielfach nicht möglich. Wie gross dieser Einfluss sein kann, zeigen Vergleichsmessungen, die bei der BCIRA und der Motor Industry Res.Ass. durchgeführt worden sind, um den Einfluss des Probendurchmessers auf das Dauerfestigkeitsverhalten kennenzulernen. Die Ergebnisse sind einem zusammenfassenden Bericht [164] entnommen und in Tafel 38 wiedergegeben. Sowohl für ungekerbte als auch für gekerbte Proben nimmt die Dauerfestigkeit mit zunehmender Probengrösse ab.

Einen nicht unerheblichen Einfluss auf die Dauerfestigkeit übt auch die Gusshaut aus. Wie schwedische Untersuchungen[173] zeigen (Bild 135), ist die Dauerfestigkeit unbearbeiteter, also mit Gusshaut behafteter Proben erwartungsgemäss niedriger als diejenige ohne Gusshaut geprüfter Proben. Bei den gekerbten Proben ist der Unterschied geringer als bei den ungekerbten.

Einen weiteren dauerfestigkeitsmindernden Einfluss übt gleichzeitig erfolgender Angriff durch Korrosion aus. Im Vergleich zu einem gewöhnlichen Ermüdungsversuch fehlt bei überlagerter Korrosion ein echter Dauerfestigkeitsbereich, wie dies in Bild 136 schematisch angedeutet ist. Die Wöhlerkurve nimmt bis auf $\sigma_a = 0$ ab, wenn bei der untersuchten Metall-Umgebungs-Kombination auch ohne Spannungsbelastung Korrosion auftritt.

Die Angabe einer Korrosions-Dauerfestigkeit erfordert daher immer den Bezug auf eine Grenzlastspielzahl. Dabei spielt auch die Beanspruchungsfrequenz eine grössere Rolle als bei gewöhnlichen Ermüdungsversuchen, da die Korrosion zeitabhängig ist. Für eine bestimmte Lastspielzahl ist die Schädigung bei der kleineren Frequenz grösser, weil mehr Zeit zur Korrosionseinwirkung zur Verfügung steht. Andererseits kann für eine bestimmte vorgegebene Zeit eine grössere Frequenz schädigender sein, weil mehr Lastwechsel aufgebracht werden können.

Diesbezügliche genauere Untersuchungen liegen für Gusseisenwerkstoffe noch kaum vor. Einige wenige bekannt gewordene Versuchsergebnisse[77)] zeigen die Bilder 137 und 138 für perlitisches Gusseisen mit Kugelgraphit. Die Dauerfestigkeitsuntersuchungen wurden auf 5.10^7 Lastwechsel, bei NaCl-Lösung sogar auf 10^8 Lastwechsel ausgedehnt. Die Prüffrequenz betrug 50 Hz. Die an Luft erhaltene Dauerwechselfestigkeit von 270 N/mm^2 an perlitischem GGG wird z.B. durch Korrosion in reinem Wasser bereits auf 224 N/mm^2, d.h. um 17 % erniedrigt. In 3%iger NaCl-Lösung ist der Angriff sehr stark und verringert die Dauerfestigkeit um 83 % auf 46 N/mm^2.

Die Dauerwechselfestigkeit von ferritischem GGG wird in reinem, enthärtetem Wasser von 209 auf 178 N/mm^2 (d. s. 15 %) erniedrigt, in NaCl-Lösung weiter auf 46 N/mm^2 (78 %) vermindert. Der einzige wirksame Antikorrosionszusatz zu enthärtetem Wasser, der guten Schutz gegen Korrosion sowohl bei ferritischem als auch bei perlitischem GGG gab, war Kaliumchromat. Chromatlösungen sind jedoch giftig und hautschädigend und daher nur sehr beschränkt verwendbar. Wasserlösliche Öle gaben bei GGG keinen ausreichenden Korrosionsschutz, während sie bei GGL einen schützenden Effekt erzielen (Bild 140). Ermüdungsbrüche mit Korrosionsbeteiligung lassen sich nach

K.B. Palmer[77] daran erkennen, dass sie neben einem Durchriss noch zahlreiche Anrisse zeigen, wie sie in Bild 139 zu sehen sind, während diese bei fehlender Korrosion nicht auftreten.

Dauerschwingfestigkeitsuntersuchungen bei Schwellbiegung und Wechselverdrehung an den GGG-Werkstoffen 40, 60 und 70 wurden von K. Hornung und A. Rist[175] durchgeführt. Die Werkstoffeigenschaften und die Ergebnisse sind in Tafel 39 und Bild 141 dargestellt.
Die Zug-Druck-Wechselfestigkeit wurde von P. Hänsel[168] sowie von R. Verriest u. Mitarb.[166] untersucht. Die Ergebnisse von P. Hänsel wurden bereits an Hand der Bilder 125 und 126 erläutert. Das ermittelte Dauerfestigkeitsverhältnis von σ_{zdW}/σ_B = 0,32 für GGG 40 und 0,27 für GGG 60 stimmt mit dem von R. Hänchen[55] angegebenen Wert von 0,30 hinreichend überein. R. Verriest u. Mitarb.[166] fanden dagegen, wie aus den Tafeln 40 und 41 zu entnehmen ist, Werte zwischen 0,23 (Eisen S 16) und 0,61 (Eisen S 23), in der Regel jedoch durchwegs Werte über 0,44 bis 0,50. Danach wäre die Zug-Druck-Wechselfestigkeit gleich hoch bis höher als die Biegewechselfestigkeit, was aus theoretischen Überlegungen (vgl. Kapitel 4.2.1.7) nicht sein kann. Der Grund für die zu hoch errechneten Werte des Dauerfestigkeitsverhältnisses lässt sich aus den mitgeteilten mechanischen Eigenschaften (Tafel 40 und 41) vermuten. Die Bruchdehnungswerte liegen durchwegs unter den für die entsprechende Zugfestigkeit zu erwartenden Mindestwerten (vgl. Tafel 19) und auch die Zugfestigkeiten im Verhältnis zu den Streckgrenzenwerten liegen sehr niedrig. Dies deutet sowohl auf mangelhafte Kugelgraphitausbildung als auch auf Mikroporosität im Gefüge hin - die Probenahme erfolgte, wie aus Tafel 41a hervorgeht, aus Rundstangen, Speisern, Anschnitten usw. - die die Zugfestigkeit, besonders aber die Bruchdehnung vermindern, während die Streckgrenze nur wenig beeinflusst wird, was auch auf die Dauerfestigkeit zutreffen dürfte. Dadurch sind die errechneten Dauerfestigkeitsverhält-

nisse scheinbar höher, als dies bei einwandfreier Gefügeausbildung zu erwarten wäre. Tatsächlich konnte in einer Arbeit von B. Östensson[231] auch nachgewiesen werden, dass Mikroporen von 0,1 bis 1 mm Ø die Dauerfestigkeit von ferritischem und von perlitisch-ferritischem GGG nur wenig erniedrigen. Bei hochfesten perlitischen Sorten ist die schädigende Wirkung grösser. B. Östensson fand bei seinen Zug-Druck-Wechsel-Untersuchungen ebenfalls höhere Dauerfestigkeitsverhältnisse als R. Hänchen und P. Hänsel, und zwar 0,4 für ferritisches und 0,3 für perlitisches GGG.

Über das Dauerfestigkeitsverhalten bei höheren Temperaturen liegen für GGG-Werkstoffe noch weniger Untersuchungen vor[117][166] als für GGL. Bezüglich einiger auch für GGG zutreffender allgemeiner Bemerkungen sei auf deren Besprechung im Abschnitt 4.2.1.7 für GGL verwiesen.

Wie alle mechanischen Werkstoffeigenschaften wird auch die Dauerfestigkeit von GGG von der Temperatur beeinflusst,und zwar in derselben Weise wie die Streckgrenze , d.h. sie nimmt bei höheren Temperaturen erst langsam, dann rascher ab.

Die Temperaturabhängigkeit der Biegewechselfestigkeit von perlitischem GGG (Eisen F nach Tafel 16) und von ferritischem GGG (Eisen G nach Tafel 16) ist in Bild 76a dargestellt. Es sei besonders darauf hingewiesen, dass bei Temperaturen über etwa 350°C ferritisches GGG schlechtere Dauerfestigkeitswerte aufweist als die hochfesten, perlitischen Graugusssorten. Ein Ansteigen der Dauerfestigkeit im Bereich von 200 bis 500°C, wie dies bei den GGL-Sorten der Fall ist, tritt bei Gusseisen mit Kugelgraphit nicht auf.

Es ist zu erwarten, dass die Dauerfestigkeit im Bereich höherer Temperaturen durch Zusatz von Molybdän erhöht und der temperaturbedingte Abfall verzögert werden kann, wie dies auch bei den statischen Festigkeitseigenschaften der Fall ist.

Zug-Druck-Wechselfestigkeitswerte bei höheren Temperaturen wurden nur von R. Verriest u. Mitarb.[166] mitgeteilt (Tafel 42), die Wöhlerkurven bei 450 und 525°C aufstellten. Leider fehlen für das gleiche Probenmaterial Vergleichswerte der Dauerfestigkeit bei RT sowie Warmzugfestigkeiten bei 450 und 525°C, so dass eine genaue Angabe des Temperatureinflusses nicht möglich ist. Auch zwischen RT und 450°C liegen keine Messwerte vor. Die in Bild 142 a, b mitgeteilten Resultate für die Eisen S 1 und S 12 ergeben bei450°C,bezogen auf die Zugfestigkeit bei RT,ein hohes Dauerfestigkeitsverhältnis von 0,42 und 0,39, was im Gegensatz zu den Ergebnissen der Biegewechselprüfung nach Bild 76a auf keinen wesentlichen temperaturbedingten Abfall der Zug-Druck-Wechselfestigkeit schliessen liesse. Diese unterschiedlichen Ergebnisse bedürfen zweifellos noch einer Klärung durch weitere Untersuchungen.

Beim Vergleich der Bilder 142a und b fällt auf, dass die beiden ferritischen Eisen S 1 und S 12 zwar gleiche Dauerfestigkeit bei 450°C haben, bei 525°C aber das Eisen S 12 deutlich überlegen ist.Dies ist auf die höheren Si- und Ni-Gehalte (Tafel 42a) zurückzuführen, die sich auch in höherer Streckgrenze bei RT (Tafel 42b) ausdrücken.

4.2.3 Gusseisen mit Vermiculargraphit

4.2.3.1 Zugfestigkeit, Streckgrenze, Härte, Dehnung und Zähigkeit bei RT

Für das Gebrauchsverhalten mancher Bauteile spielen neben der mechanischen Festigkeit auch die Verformungseigenschaften[32] eine wesentliche Rolle. Dies besonders im Bereich von Spannungsspitzen an Querschnittsübergängen, im Bereich allfälliger Fehler, bei rascher, gegebenenfalls schlagartiger Beanspruchung, zusätzlicher thermischer Belastung usw. Erfahrungsgemäss ist ein beträchtlicher Teil aller Schadensfälle an Gussstücken nicht auf ungenügende Festigkeit, sondern auf zu geringes Verformungsvermögen zurückzuführen[35]. Während die bei hochfesten Graugusssorten erreichbaren Dehnungswerte nur etwas über 1 % liegen und für gewisse Anwendungsfälle, wie z.B. für hochbeanspruchte Dieselzylinderköpfe, nicht mehr ausreichend[126] sind, auf das duktile Gusseisen mit Kugelgraphit in diesem Fall wegen seiner viel schlechteren Wärmeleitfähigkeit aber nicht ohne weiteres übergegangen werden kann, vermag hier das erst in jüngster Zeit mehr und mehr genutzte Gusseisen mit Vermiculargraphit eine Lücke zu schliessen. Dieses Gusseisen liegt in seinen Eigenschaften etwa zwischen hochfestem Gusseisen mit Lamellengraphit und Gusseisen mit Kugelgraphit, wobei die mechanischen Eigenschaften (Bild 143) näher bei Gusseisen mit Kugelgraphit, die thermischen Eigenschaften[68] [236] aber näher dem Grauguss liegen. Dazu kommt noch als sehr wesentliche giesstechnische Eigenschaft die gegenüber einem GGG erheblich geringere Lunkerneigung [121] [125] [128] [129] [130] [133] [233] [235] [238], so dass ein selbstständiges Dichtspeisen erzielt werden kann und eine Umstellung von GGL auf GGV keine kostspieligen Modell- und Anschnittsänderungen erfordert[128] [129] [130].

Die günstigen mechanischen und physikalischen Eigenschaften werden durch die kompakte Graphitausbildung (Bild 4a, b) mit relativ kurzen und dicken, wurmförmigen Lamellen mit gerundeten Enden erzielt. Die Basiszusammensetzung ist etwa gleich der des Gusseisens mit Kugelgraphit, d.h. der Sättigungsgrad liegt um 1 bis knapp über 1. Infolge der kompakten Graphitausbildung sind die mechanischen Eigenschaften wie bei

Gusseisen mit Kugelgraphit weniger von der Basiszusammensetzung und dem Kohlenstoffgehalt, als viel mehr vom Ferrit/Perlit-Verhältnis des Grundgefüges abhängig. Auch die Graphitgröbe bewegt sich in engen Grenzen und hat keinen grossen Einfluss auf die Eigenschaften.

Im unlegierten Zustand weist GGV immer überwiegend ferritisches Grundgefüge auf, wobei nach mehrjährigen Betriebserfahrungen 129) 234)

320 - 380 N/mm^2	Zugfestigkeit
260 - 300 N/mm^2	0,2 %-Grenze
3 - 8 %	Bruchdehnung und
135 - 170 HB	Brinellhärte

ohne Schwierigkeiten erreicht werden.
Typische Werkstoffkennwerte von cerbehandeltem GGV im Vergleich zu GGL gleicher Zusammensetzung, hochfestem perlitischem GGL und ferritischem GGG sind aus Tafel 43 ersichtlich.
Eine weitere Zusammenstellung von Eigenschaftskennwerten von Gusseisen mit Vermiculargraphit aus bisher bekannt gewordenen Untersuchungen gibt Tafel 44.

Besonders bemerkenswert sind die verhältnismässig hohen Streckgrenzenwerte, so dass die Streckgrenzenverhältniszahlen im Bereich von 0,72 bis 0,83 liegen und damit etwas höher sind als bei GGG (vgl. Bild 79) gleicher Zusammensetzung.
Die aus Bild 143 ersichtliche Proportionalitätsgrenze liegt bei 125 N/mm^2 und ist für überwiegend ferritisches und überwiegend perlitisches GGV etwa gleich hoch. Die Proportionalitätsgrenze liegt gegenüber ferritischem GGG 40 (vgl. Tafel 29) erwartungsgemäss etwas niedriger, weil der Kerbeinfluss des Vermiculargraphits grösser ist als der des Kugelgraphits, so dass es bei gleicher Nennspannung bei GGV im Bereich um die Graphitpartikel früher zur plastischen Verformung und damit Abweichung von der Proportionalität kommt als bei GGG.

Schlagbiege- und Kerbschlagzähigkeit[35)121)232)] von GGV sind deutlich höher als die Vergleichswerte für hochfestes GGL, jedoch etwas niedriger als bei GGG. Der Übergangstemperaturbereich vom Verformungs- zum Sprödbruch liegt je nach Zusammensetzung (Si-Gehalt) ähnlich wie bei GGG (Bild 144).

Wie aus Tafel 44 hervorgeht, sind die Schlagbiegezähigkeitswerte des nach dem Cer-Verfahren hergestellten ferritischen GGV beträchtlich höher als die eines vergleichbaren, nach dem Mg+Ti-Verfahren behandelten Eisens. Obwohl hier eingehendere Untersuchungen noch fehlen, liegt die Vermutung nahe, dass dies auf die im Grundgefüge Mg+Ti-behandelter GGV-Sorten eingelagerten Ti-Carbid- und Titancarbonitrid-Einschlüsse zurückzuführen ist, die sicherlich eine zähigkeitsvermindernde Wirkung, besonders bei ungekerbter Prüfung, ausüben. Für hohe Zähigkeitsansprüche dürften cerbehandelte Eisensorten günstiger sein.[135)]

Ein gewisser Nachteil des GGV ist die gegenüber hochfestem GGL niedrige Härte, die allerdings durch entsprechende konstruktive Massnahmen (z.B. Einziehen von Sitzringen bei Zylinderdeckeln) in Kauf genommen werden muss. Wird die Härte durch Zusatz perlitisierender Legierungselemente gesteigert, so geht die in erster Linie angestrebte höhere Dehnung des GGV auf unter 2 % zurück.

Durch besondere Zusätze (z.B. Sn, Sn+Cu, As u.a.) ist es möglich, GGV auch mit nahezu vollständig perlitischem Grundgefüge herzustellen[121)131)132)133)200)232)]. Dadurch kann zwar die Festigkeit auf etwa 500 N/mm^2 und mehr gesteigert werden, die Bruchdehnung geht aber auf rd. 1 % zurück. Derartige GGV-Sorten haben ein günstiges Verschleissverhalten, sind aber für Zylinderdeckel wenig geeignet.

Ebenso wie bei Gusseisen mit Kugelgraphit sind auch bei Gusseisen mit Vermiculargraphit die Eigenschaften nur wenig wanddickenabhängig, wie aus Tafel 45 zu ersehen ist. Bei sehr geringen Wanddicken unter 10 mm und rascher Abkühlung weist GGV(vor allem bei metallurgischer Überbehandlung der Schmelze) eine erhöhte Neigung zur Bildung von Kugelgraphit und unter Umständen auch zur Karbidbildung auf. Während die teilweise weiss erstarrten Zonen bei der üblichen Wärmebehandlung beseitigt werden, bleibt der Kugelgraphit erhalten, was sich dann in den Eigenschaften, vor allem in der Dehnung, äussert (Bild 145).

Die über einen längeren Zeitraum ausgewerteten, an einen 500 kg schweren Dieselzylinderdeckel nach Bild 146 angegossenen Proben, wiesen die in Tafel 46 zusammengestellten mechanischen Werte auf.

Die Ergebnisse statistischer Untersuchungen an angegossenen und geglühten Probestäben von Zylinderdeckeln aus 200 Chargen sind in Bild 147 a-c wiedergegeben. Aus den Summenhäufigkeitsdarstellungen der Bilder 147 b, c geht klar hervor, dass bei GGV eine genauso gute, gesichert reproduzierbare Einhaltung der mechanischen Eigenschaften möglich ist, wie man dies bisher bei den herkömmlichen hochwertigen Werkstoffen GGL 30 und GGG 50 gewohnt war.

Der Einfluss von Legierungszusätzen zu GGV wurde noch nicht systematisch untersucht. Neben einer Veränderung des Ferrit/Perlit-Verhältnisses ist eine Mischkristallverfestigung des Ferrits zu erwarten, wobei für ferritisches GGV (geglüht) die Elemente Ni, Cu und Mo, letzteres besonders zur Steigerung der Warmfestigkeit, in Frage kommen. Nach den wenigen, bisher vorliegenden Untersuchungen, verringern Legierungszusätze von Kupfer, Vanadium und Titan (Tafel 47)[121], sowie Nickel (Tafel 48)[133] den Ferritanteil im Gusszustand und erhöhen damit die Zugfestigkeit und Streckgrenze, während die Bruchdehnung absinkt. Nach einer ferritisierenden Glühbehandlung konnte mit 1,5 % Nickel durch Mischkristallverfestigung eine Streckgrenzenerhöhung von rd. 24 % erzielt werden. Das Streckgrenzenverhältnis stieg von 0,79 (unlegiert) auf 0,86 (1,5%Ni-legiert) an.

Legierungszusätze wie Kupfer (Tafel 47)[121], sowie auch Nickel und Molybdän[214] zu cerbehandeltem GGV scheinen die Neigung dieses Eisens zur Kugelgraphitbildung zu erhöhen, was möglicherweise durch Erniedrigung der erforderlichen Cerzusätze ausgeglichen werden kann. Diesbezügliche Untersuchungen sind noch nicht abgeschlossen[214].

4.2.3.2 Druckfestigkeit und Stauchung bei Raumtemperatur

Das Verformungsverhalten von GGV unter Druck wurde bisher nur von K.B. Palmer[232] an einem überwiegend perlitischen Eisen untersucht. Die entsprechenden Messwerte enthält Tafel 44. Das Spannungs-Verformungs-Diagramm ist in Bild 148 dargestellt. Obwohl die Ermittlung der Druckfestigkeit bei dehnbaren Werkstoffen wenig sinnvoll ist, wurde eine Druckfestigkeit in der Höhe von 3,2 x σ_B (nach erheblicher plastischer Verformung!) gemessen. Von praktischem Interesse sind jedoch die ermittelten Stauchgrenzen. Die 0,1%-Stauchgrenze bei GGV liegt um 76 N/mm^2 höher als die 0,1 %-Dehngrenze, während bei GGG dieser Unterschied nur 13 - 23 N/mm^2 beträgt (vgl. Tafel 29). Verglichen mit GGG gleicher Zugfestigkeit ist die zulässige Druckbelastung von GGV höher:

		GGV (Tafel 44)	GGG (Tafel 29)	
Zugfestigkeit	N/mm^2	380	370	420
0,1-%Grenze	N/mm^2	246	224	261
0,2-%Grenze	N/mm^2	242	236	273
Druckbeanspruchung				
0,1-%Grenze	N/mm^2	322	247	284
0,2-%Grenze	N/mm^2	350	250	287

Über das Druckverformungsverhalten von rein ferritischem GGV liegen zur Zeit noch keine Angaben vor.

4.2.3.3 Kriechverhalten von GGV unter Zug- und Druckbelastung bei RT

Das Kriechverhalten von GGV bei RT wurde noch nicht untersucht. Infolge der Ähnlichkeit des Spannungs-Verformungsverhaltens zum GGG wird man näherungsweise die Annahme treffen können, dass nennenswertes Kriechen erst bei Belastungen auftreten wird, die zu einer messbaren bleibenden Anfangsverformung führen, d.h. bei Beanspruchung über der Proportionalitätsgrenze. Für formstabile Konstruktionen aus GGG empfiehlt K.B. Palmer aus Sicherheitsgründen nur zulässige Spannungen von 75 % der Proportionalitätsgrenze, was für die in den Bildern 143 und 148 dargestellten GGV-Sorten bei Zugbeanspruchung einer zulässigen Spannung von rd. 95 N/mm^2 und von 150 N/mm^2 bei Druckbeanspruchung entsprechen würde.

4.2.3.4 Festigkeitseigenschaften bei höheren Temperaturen bis 500°C

Über die Festigkeitseigenschaften bei höheren Temperaturen liegen nur 2 Angaben vor[122) 214)], die sich auf ferritisch geglühtes GGV beziehen und zu übereinstimmenden Ergebnissen führen, die in Bild 149 zusammengefasst sind. Zugfestigkeit und Streckgrenze sinken zunächst bis 150°C um etwa 15-20% ab, um dann bis etwa 350°C weitgehend unverändert zu bleiben. Erst über 400°C tritt dann ein rascher Abfall ein. Die Dehnung verändert sich nur wenig. Dieses Verhalten ist ähnlich dem eines hochfesten GGL (vgl. Bild 24, GG 30), wobei allerdings bei GGV kein so ausgeprägter Festigkeitsanstieg bei 300°C beobachtet wird.

Die Warmfestigkeitseigenschaften unter Druckbeanspruchung wurden bisher noch nicht untersucht. Es darf aber ähnliches Verhalten wie unter Zugbeanspruchung angenommen werden.

Auch über den Einfluss von Legierungszusätzen auf die Warmfestigkeit ist noch nichts bekannt geworden. Diesbezügliche Untersuchungen sind jedoch im Laufen[214)]. Das Hochtemperaturkriechverhalten von GGV wurde ebenfalls bisher nicht geprüft.

4.2.3.5 E-Modul u. Poissonzahl bei RT und höheren Temperaturen

Wie aus den Spannungs-Verformungs-Diagrammen der Bilder 143 und 148 zu sehen ist, weisen die Gusseisensorten mit Vermiculargraphit sowohl bei Zug- als auch bei Druckbeanspruchung ähnlich wie GGG einen ausgeprägten Proportionalitätsbereich auf, so dass ein echter E-Modul angegeben werden kann, der bis zur Elastizitätsgrenze weitgehend konstant bleibt (Bild 150).

Der E_0-Modul ist unter Zug- u. Druckbelastung gleich hoch[232)] und liegt üblicherweise, gemessen im statischen Versuch, zwischen 137 -140 kN/mm^2 bei ferritischem GGV und bei 144 bis

145 kN/mm^2 bei perlitischem GGV (Tafel 44). Die dynamisch am Elastomat nach dem Resonanzfrequenzverfahren gemessenen E_o-Werte sind etwas höher (Tafel 44). Die E_o-Modul-Werte von GGV liegen damit etwa in gleicher Höhe wie die Werte eines hochfesten perlitischen GGL gleicher Zugfestigkeit (vgl. Bilder 48 und 49a). Diese E-Modulwerte werden nur erreicht, wenn die Graphitausbildung überwiegend der Form III nach Bild 6 entspricht und keine grösseren Anteile an Kugelgraphit im Gefüge vorhanden sind. Mit zunehmenden Kugelgraphitanteilen nimmt auch der E-Modul zu, wie ein Vergleich der Eisen 13 und 14 in Tafel 44 deutlich erkennen lässt.

Bei Belastung bleibt der E-Modul von ferritischem GGV bis etwa 0,8 x $\sigma_{0,2}$ nahezu konstant. Erst bei höheren Belastungen tritt ein grösserer Abfall auf (Bild 150). Perlitisches GGV scheint von Anfang an mit zunehmender Beanspruchung einen geringen Abfall des E-Moduls aufzuweisen, der bei Beanspruchungen über 0,6 x $\sigma_{0,2}$ bereits stärker wird (Bilder 150 und 151a).

Im Druckversuch liegen nur Messwerte für perlitisches GGV vor (Bild 151b). Infolge der höher liegenden 0,2-Grenzen (vgl. Bild 148) ist zu erwarten, dass die absolute Grenzspannung für den Abfall des E-Moduls ebenfalls höher liegt. Die Einsatzspannung für den Abfall des E-Moduls unter Druckbeanspruchung liegt beim perlitischen GGV (Eisen 11 nach Tafel 44) wie bei Zugbeanspruchung bei etwas über 0,6.$\sigma_{0,2}$ (Bild 151b).

Der Einfluss steigender Temperatur auf das Verhalten des E-Moduls wurde noch nicht untersucht. Es darf ähnliches Verhalten erwartet werden wie bei GGG (vgl. auch Bild 121).

Messwerte der Poisson-Zahl liegen für GGV weder für RT noch für erhöhte Temperaturen vor. Es ist anzunehmen, dass deren Zahlenwert zwischen dem von GGL (0,26 nach Tafel 18) und dem von GGG (0,275 nach Kapitel 4.2.2.5) liegen wird, wobei ähnlich wie beim E-Modul keine nennenswerte Spannungsabhängigkeit unterhalb der Streckgrenze auftreten dürfte.

4.2.3.6 Dauerfestigkeit bei RT und höheren Temperaturen

Infolge der günstigen Graphitausbildung mit wesentlich geringerer innerer Kerbwirkung des Vermiculargraphits weist dieses Gusseisen besseres Dauerfestigkeitsverhalten auf als hochfestes Gusseisen mit Lamellengraphit. H. Figge[176) 177)] gibt an, dass Gusseisen mit Vermiculargraphit im Zugfestigkeitsbereich von 300 bis 400 N/mm² in der Regel eine Biegewechselfestigkeit besitzen, die im Mittel um 35 N/mm² höher liegt als bei Gusseisen mit Lamellengraphit gleicher Festigkeit. Für den genannten Festigkeitsbereich von GGV formulierte H. Figge eine Beziehung zwischen Umlaufbiegewechselfestigkeit und Zugfestigkeit:

$$\sigma_{bw} = 0{,}26 \cdot \sigma_{zB} + 63 \text{ in N/mm}^2$$

die, wie aus Bild 152 zu sehen ist, gegenüber den bisherigen praktischen Erfahrungen zu niedrige Dauerfestigkeitswerte ergibt. Aus den bis heute veröffentlichten wenigen Angaben (Tafel 49) lässt sich folgende Beziehung ableiten:

$$\sigma_{bw} = (0{,}63 - 0{,}00041 \cdot \sigma_{zB}) \cdot \sigma_{zB} \text{ in N/mm}^2,$$

die sich gut zwischen die Mittelwertsbeziehungen von GGG und GGL einordnet und die qualitative Mittelstellung von GGV zwischen GGL und GGG erkennen lässt.

Die Zug-Druck-Wechselfestigkeit wurde bisher nur an einer Stelle geprüft[237)]. Der für ferritisches GGV 35 mitgeteilte Wert von 120 N/mm² (Bild 153) liegt um rd. 30 % niedriger als die Umlaufbiegewechselfestigkeit von 170 N/mm² (Bild 154).

Zur Ermittlung der zulässigen Konstruktionsspannungen für Zug- und Zug-Druck-Beanspruchung sowie für Biegung wurden auf Grund der vorhandenen Messwerte Dauerfestigkeitsdiagramme nach Smith aufgestellt, die in den Bildern 153 und 154 wiedergegeben sind.

Über den Einfluss der Gusshaut auf die Biegewechselfestigkeit liegt nur eine Angabe vor (Tafel 49)[238], nach der eine Verringerung der Biegewechselfestigkeit um rd. 36 % beobachtet wurde. Bei vergleichbarem hochfestem Gusseisen mit Lamellengraphit ist nach Bild 66 mit einem Dauerfestigkeitsverlust von etwa 50 % und bei ferritischem Gusseisen mit Kugelgraphit nach Bild 135 mit einer Verringerung von etwa 32 % zu rechnen. Diese Angaben beziehen sich auf ungekerbte Proben.

Über den Kerbeinfluss auf die Dauerfestigkeit liegen nur Untersuchungen an überwiegend perlitischem GGV vor[232], die aus Bild 155 und Tafel 49 zu ersehen sind. Mit Kerbwirkungszahlen von 1,71 bis 1,79 ist GGV fast so kerbempfindlich wie GGG 40 ($\beta_K >$ 1,85, vgl. Bilder 134 und 135), während GGL wesentlich weniger kerbempfindlich ist ($\beta_K \leq$ 1,5 nach Bild 67). Diesem Nachteil kann jedoch durch konstruktive Massnahmen leicht begegnet werden.

Über den Verlauf der Dauerfestigkeit mit steigender Temperatur gibt es im Schrifttum bisher noch keine Angaben. Es ist anzunehmen, dass die Dauerfestigkeit einen ähnlichen Verlauf nehmen wird wie die in Bild 149 dargestellten Festigkeitseigenschaften, d.h. dass bis 350°C kein wesentlicher Abfall gegenüber den RT-Werten zu erwarten ist.

4.3 Physikalische Eigenschaften von GGL, GGV und GGG

4.3.1 Wärmeausdehnung

Werkstoffe für thermisch beanspruchte Bauteile sollen eine möglichst geringe Wärmeausdehnung besitzen, um die durch Temperaturunterschiede im Bauteil auftretenden Wärmedehnungen und die dabei verursachten Wärmespannungen möglichst gering zu halten.

Im Verhältnis zu anderen metallischen Werkstoffen haben die Eisenwerkstoffe einen verhältnismässig niedrigen Ausdehnungskoeffizienten, wobei die Gusseisenwerkstoffe (Tafel 50) etwas geringere Ausdehnung zeigen als reines Eisen[45] [213]. Dies deshalb, weil der im Gusseisen enthaltene Graphit einen geringeren Ausdehnungskoeffizienten besitzt als reines Eisen. (Nach H.T. Angus[45] beträgt der Ausdehnungskoeffizient des Graphits $6{,}6 \cdot 10^{-6}$ in der Basisebene und $26{,}0 \cdot 10^{-6}$ in der C-Achse). Die Ausdehnung der ferritischen und perlitischen Gusseisensorten liegt zwischen 9,8 bis 11,4 im Bereich von 0 - 100°C und 12,5 bis 14,7 im Bereich von 0 - 600°C und ist nur wenig von der Zusammensetzung und den Legierungszusätzen beeinflussbar[45] [62] [67] [107] [139] [213].

Der lineare Ausdehnungskoeffizient nimmt mit steigender Temperatur zu. Deshalb ist es notwendig, die Ausdehnungskoeffizienten immer zusammen mit dem Temperaturbereich, in dem sie ermittelt wurden, anzugeben.

Im Bereich zwischen 200 und 300°C erfährt der Ausdehnungskoeffizient von grauem Gusseisen eine geringfügige Veränderung, weil in diesem Bereich das in der metallischen Grundmasse eingelagerte Eisenkarbid seine magnetischen Eigenschaften (Curie-Punkt) verändert. Der Ausdehnungskoeffizient ist in dem Temperaturbereich, in dem keine Gefügeumwandlungen auftreten, reversibel und bleibt auch bei mehrmaliger Erwärmung und Abkühlung gleich[116] [117].

Eine Auswahl von im Schrifttum mitgeteilten Ausdehnungskoeffizienten ist in Tafel 50 zusammengestellt.

Silicium scheint den Ausdehnungskoeffizienten im unteren Temperaturbereich geringfügig zu verringern[45) 60)](vgl. Eisen 2 und 3 in Tafel 50), was auch von J.C. Margerie[62)] festgestellt wurde.

Der erniedrigende Einfluss höherer Graphitgehalte[60) 61)] geht aus dem Vergleich der Eisen 2 und 4 sowie 13 bis 20 hervor. Dieser Einfluss bleibt auch bei höheren Temperaturen bestehen.

Eine geringe Erhöhung des linearen Ausdehnungskoeffizienten scheint Cu zu verursachen, wie ein Vergleich der Eisen 5 bis 9 in Tafel 50 erkennen lässt[60)] und auch in [2)] berichtet wird. Ebenfalls erhöhend soll Chrom wirken[2)]. Eisen mit ferritischem Grundgefüge haben eine geringfügig höhere Ausdehnung als perlitische Gusseisen[62) 213)]. Einige an Zylinderkopfgusseisen ermittelte Wärmeausdehnungswerte sind in den Bildern 156 und 157 graphisch dargestellt.
Ausdehnungskoeffizienten verschieden legierter Zylinderkopfgusseisen gehen auch aus Tafel 64 hervor, leider ohne Angabe des gültigen Temperaturbereiches, wahrscheinlich jedoch 0 bis 200°C. Der geringe Einfluss von Legierungszusätzen auf die Wärmeausdehnung ist aus dieser Zusammenstellung besonders deutlich zu sehen.

Gusseisen mit Kugelgraphit und Gusseisen mit Vermiculargraphit unterscheiden sich kaum von Gusseisen mit Lamellengraphit, wenn auch nach den wenigen vorhandenen Messergebnissen eine geringfügig höhere Ausdehnung der Gusseisen mit kompakten Graphitformen zu vermuten ist (vgl. auch Eisen N und G in Bild 157).

Insgesamt gesehen weist das Wärmeausdehnungsverhalten aller grau erstarrenden Gusseisenwerkstoffe nur einen sehr engen Bereich auf. Veränderungen über Beeinflussung der Zusammensetzung sind nach Untersuchungen von J.C. Margerie[62] nicht über max. 5 % hinaus möglich. Der bei Vergleich von Schrifttumsangaben gefundene grössere Streubereich dürfte auf Messunsicherheiten und unterschiedliche Versuchsbedingungen zurückzuführen sein.

Für die Abhängigkeit des Wärmeausdehnungskoeffizienten von der Temperatur im Bereich bis 600 °C gibt J. Piszak[151] nachstehende Beziehung an:

$$\alpha = 5{,}3 \cdot t^{0{,}1413} \quad \text{in } 10^{-6}/\text{K}$$

worin t = Temperatur in °C einzusetzen ist.

Die nach dieser Formel errechneten Werte lassen hinreichend gute Übereinstimmung mit den praktischen Messergebnissen erkennen (Tafel 50), so dass diese Formel für Spannungsberechnungen herangezogen werden kann.

Bei höheren Mo-Gehalten, meist in Verbindung mit Nickel, kommt es, besonders bei geringen Gussstückwanddicken, zur Bildung von Zwischenstufen-(Nadel-) Gefüge. Dadurch werden die mechanischen Eigenschaften erheblich gesteigert, allerdings nimmt auch der Ausdehnungskoeffizient derartiger Gusseisensorten sprunghaft zu. Im Bereich von 0 - 200 °C werden Werte von $15{,}0 \cdot 10^{-6}/\text{K}$ und für 0 - 400 °C Werte von $16{,}5 \cdot 10^{-6}/\text{K}$ (vgl. Tafel 50, Eisen 22) angegeben. An temperaturwechselbeanspruchten Stellen eines Bauteiles dürfen nicht perlitisch/ferritisches und bainitisches Gefüge gleichzeitig vorhanden sein, weil sonst zusätzliche Wärmespannungen infolge der Ausdehnungsunterschiede auftreten würden.

Bainitische Gusseisen werden wegen ihres hohen Ausdehnungskoeffizienten und wegen des wenig temperaturstabilen Gefüges für Zylinderdeckel nicht eingesetzt.

4.3.2 Wärmeleitfähigkeit von GGL, GGV und GGG

Die Wärmeleitfähigkeit spielt für Bauteile wärmebeanspruchter Maschinen eine erhebliche Rolle, weil sie die Temperaturverteilung im Bauteil und damit auch das Festigkeitsverhalten massgeblich mitbeeinflusst. Je höher die Wärmeleitfähigkeit eines Werkstoffes ist, desto geringer sind die auftretenden Temperaturgradienten und desto kleiner die daraus resultierenden thermischen Spannungen sowie der festigkeitsvermindernde Temperatureinfluss.

Bei den Gusseisenwerkstoffen hängt die Wärmeleitfähigkeit in starkem Maße von der Ausbildung des Gefüges ab und wird in erster Linie von der Menge und Form des Graphits bestimmt[2]. Die höchste Wärmeleitfähigkeit weist der Graphit auf, doch ist eine ausgeprägte Richtungsabhängigkeit der Leitfähigkeit vorhanden: parallel zur Basisebene des hexagonalen Graphitgitters(d.h. in Längsrichtung der Graphitlamellen bzw. in Umfangsrichtung der Graphitkugeln, vgl. Bild 158) liegt sie vier- bis fünfmal höher als senkrecht zur Basisebene[63]. Dies führt zu einem starken Einfluss der Graphitform auf die Wärmeleitfähigkeit. Nach dem in Bild 158 aufgezeigten Schema geht die Wärmeableitung im GGL über die vielfach miteinander verbundenen bzw. naheliegenden Graphitlamellen leichter vor sich als bei Gusseisen mit Kugelgraphit, wo zwischen den Graphitkugeln keine Verbindung besteht und längere Brücken der Grundmasse überwunden werden müssen.[64] Der Kugelgraphit verbessert die Wärmeleitfähigkeit gegenüber Stahl daher nur wenig, Lamellengraphit erhöht sie beträchtlich (Bild 159).

Die Wärmeleitfähigkeit der einzelnen Gefügebestandteile in Eisenlegierungen geht aus Tafel 51a hervor, Vergleichswerte für ferritisches und für perlitisches GGL und GGG enthält Tafel 51b. Demnach hat Gusseisen mit Lamellengraphit die beste Wärmeleitfähigkeit. Die Werte sind umso höher, je höher der Kohlenstoffgehalt ist, wobei die höchsten Werte dann erreicht werden, wenn der gesamte Kohlenstoffgehalt als freier Graphit ausgeschieden ist, d.h. ferritisches Grundgefüge vorliegt. Derartige Gusseisen mit Lamellengraphit haben aber niedrige mechanische Festigkeit und kommen für hochbeanspruchte Maschinenteile nicht in Frage. Perlitische GGL mit entsprechend hoher Festigkeit und niedrigeren C-Gehalten besitzen auch niedrigere Wärmeleitfähigkeit. Das Erreichen höchster Festigkeit bei gleichzeitig höchster Wärmeleitfähigkeit ist nicht möglich und es muss dem Anwendungsfall entsprechend immer ein Kompromiss geschlossen werden, um schliesslich ein optimales Werkstoffverhalten zu erreichen.

Durch steigende Perlitgehalte und Verfeinerung des Perlits wird die Wärmeleitfähigkeit gesenkt.

Die Leitfähigkeit des Ferrits wird durch Aufnahme von Legierungselementen in den Mischkristall verringert[66)240)]. Nach Untersuchungen von K. Bungardt u. W. Spyra[241)] sinkt die Wärmeleitfähigkeit von Stählen proportional zum Logarithmus der Summe des Legierungsgehaltes in Atomprozenten c_r. Das von A. Collaud u. C. Thieme[27)] nach Werten von K. Bungardt u. W. Spyra gezeichnete Bild 160 zeigt diesen Zusammenhang auf und entspricht der Beziehung

$$\lambda = \lambda_o - \ln \sum c_r$$

Da die metallische Grundmasse des Gusseisens als Stahl betrachtet werden kann, ist diese Feststellung auch für das

Gusseisen von grundlegender Bedeutung, soferne Sorten mit gleicher Graphitausbildung und Graphitmenge untereinander verglichen werden und daher der Einfluss des Graphits als konstant angesehen werden kann.

Während beispielsweise normale hochfeste perlitische GGL-Sorten **Wärmeleitfähigkeitswerte** von 0,38 bis 0,50 W/cm.K (0,09 bis 0,12 cal/cm.s.°C , Tafel 51b) aufweisen, konnten an"zähen GGL-Sorten"mit geringen Gehalten an Eisenbegleitern und sauberer metallischer Grundmasse[25)26)27)] bei vergleichbarer Zugfestigkeit (deren Werte leider nicht angegeben sind!) Wärmeleitfähigkeitswerte von 0,54 bis 0,67 W/cm.K (0,13 bis 0,16 cal/cm.s.°C) gemessen werden (vgl. auch Tafel 52).

Die Wärmeleitfähigkeit wird durch Zusätze von Mn, Cu, Ni, Cr, Mo, V und Sn erniedrigt,und zwar sowohl durch die Auflösung im Mischkristall als auch durch Vergrösserung und Verfeinerung des Perlitanteiles. Ni und Cu senken die Leitfähigkeit um etwa 5 bis 6 % je 1 %-Zusatz. Wird jedoch zugleich der Si-Gehalt gesenkt, so kann die Wärmeleitfähigkeit sogar ansteigen, weil Si die Wärmeleitfähigkeit stärker erniedrigt als Ni und Cu. Durch Chrom ist eine Senkung um ca. 15 % bei 0,5 % Zusatz zu erwarten[2)].

Am stärksten leitfähigkeitsvermindernd wirkt das Silicium, wie dies in den Bildern 161 und 162 für ferritisches GGG und in Bild 163 für GG gezeigt ist. Dabei ist zu beachten, dass bei teilweise perlitischem Gefüge das Silicium fast ausschliesslich im Ferritanteil gelöst ist, so dass selbst bei niedrigem Gesamt-Siliciumgehalt der tatsächliche Siliciumgehalt im Ferritanteil viel höher sein kann, was zu einer starken Verminderung der Wärmeleitfähigkeit im Ferrit führt. Dieser entscheidende, alles überdeckende Einfluss des Siliciumgehaltes kommt in der ausgezogenen Kurve in Bild 161, die auf Angaben von H. Kempers[64)] zurückgeht, sehr deutlich zum Ausdruck.

Wärmeleitfähigkeitswerte verschieden zusammengesetzter Gusseisen enthält Tafel 53, von Zylinderkopfgusseisen auch Tafel 64.
Bei den Gusseisen mit Kugelgraphit liegen die Leitfähigkeitswerte infolge des Einflusses der Graphitform um etwa 20 bis 30 % niedriger als bei Gusseisen mit Lamellengraphit gleicher Zusammensetzung. Nickelfreie GGG haben um etwa 8 - 10 % höhere Werte als nickelhaltige GGG-Eisen. Bei ferritischem GGG liegt die Wärmeleitfähigkeit um etwa 10 - 15 % höher als bei perlitischem Grundgefüge[45)].

Gusseisen mit Vermiculargraphit liegt in seinen Wärmeleitfähigkeitswerten etwa zwischen hochfestem GGL und ferritischem GGG[121)128)131)132)133)143)199)].

Mit steigender Temperatur fällt die Wärmeleitfähigkeit ab, wobei H.T. Angus[45)] als Richtwert eine mittlere Abnahme von 0,015 bis 0,019 W/cm.K (0,0035 bis 0,0045 cal/cm.s.°C) je 100° Temperatursteigerung im Bereich von 100 bis 450°C für GGL angibt. Dieser Temperatureinfluss ist auch aus den Bildern 164 bis 166 ersichtlich.
Wie aus Bild 165 und Tafel 53 zu entnehmen ist, ist die Temperaturabhängigkeit der Wärmeleitfähigkeit bei den Gusseisensorten mit Kugelgraphit geringer als bei Gusseisen mit Lamellengraphit.

Bei GGL scheint der Temperatureinfluss durch Legierungszusätze geringer zu werden, so dass, wie aus Bild 164 zu erkennen ist, der bei niedriger Temperatur deutliche Unterschied unlegierter und legierter Eisen mit steigender Temperatur kleiner wird[67)]. Diese Tendenz tritt auch bei Stahl auf[66)].

Belastungsspannungen haben keinen Einfluss auf die Wärmeleitfähigkeit. Obwohl die den Graphit umschliessenden Hohlräume sich bei Beanspruchung aufweiten und bei nachfolgender Entlastung nicht mehr vollständig schliessen (vgl. Abschnitt 4.2.1.6 über Spannungsabhängigkeit des E-Moduls), konnten Untersuchungen bei der BCIRA bei Belastungen bis zu 90 % der Zugfestigkeit keinen Einfluss auf die Wärmeleitfähigkeit des Gusseisens nachweisen[45)].

Aus den vorliegenden Angaben geht eindeutig hervor, dass die höchste Wärmeleitfähigkeit von GGL mit hohem Kohlenstoffgehalt erreicht wird und der Einfluss der Legierungselemente gegenüber dem Einfluss des Graphitgehaltes zurücktritt (vgl. besonders Bild 164). Es ist daher für hohe Wärmeleitfähigkeit günstiger, die Festigkeit bei GGL durch Legieren zu erzielen als durch Senkung des Graphitgehaltes.

Die Wärmeleitfähigkeit der Gusseisen mit Kugelgraphit liegt um 20 bis 30 % niedriger, GGV liegt etwa zwischen GGL und GGG. Zur Erzielung möglichst hoher Wärmeleitfähigkeit bei GGV und GGG muss auch hier ein möglichst hoher C-Gehalt um 3,6 bis 3,8 % angestrebt werden. Bei diesen Gusseisensorten kommt auch der Einfluss der Zusammensetzung der Grundmasse, insbesondere des Si-Gehaltes, deutlicher zum Ausdruck. Für hohe Wärmeleitfähigkeitswerte soll der Si-Gehalt unter 2 % gehalten werden, wobei ein teilweiser Ersatz durch Nickel, das einen geringeren Einfluss auf die Wärmeleitfähigkeit hat, möglich ist. Das für höchste Wärmeleitfähigkeit anzustrebende vollständig ferritische Grundgefüge muss nötigenfalls durch eine Wärmebehandlung eingestellt werden.

4.4 Temperaturwechselverhalten von GGL, GGV und GGG

Die Vorgänge, die durch Beanspruchungen durch Temperaturwechsel im Gusseisen ablaufen, sind sehr kompliziert und unübersichtlich[68)139)146)248)]. Infolge von Temperaturunterschieden entstehen im Gussstück Wärmespannungen, die zu elastischen und plastischen Verformungen und letztlich auch zu Rissbildung und damit zur Zerstörung des Werkstückes infolge thermischer Ermüdung führen können.

Neben infolge von Temperaturunterschieden bedingten mechanischen Spannungen können an der thermischen Ermüdung im Bereich höherer Temperaturen über 500°C auch Gefügeumwandlungen (die zu Volumsveränderungen und damit zu zusätzlichen Spannungen und Verformungen führen können, wie z.B. Perlitzerfall) sowie äussere und innere Oxidation mitwirken. Letztere führt nicht nur zu einem Wachsen durch Volumszunahme, sondern vermindert vor allem die Werkstoffeigenschaften und damit die Widerstandsfähigkeit gegen das Auftreten von Rissen. Das Zusammenwirken dieser drei Mechanismen hängt von den Einsatzbedingungen, den auftretenden höchsten Temperaturen und vor allem auch von der Verweilzeit auf hoher Temperatur ab. Auch die Art, wie die Wärme zugeführt wird, übt einen Einfluss aus. Bei Wärmezu- und Wärmeabfuhr durch gasförmige oder flüssige Medien oder durch Strahlung[84)] spielt auch die Oberflächenbeschaffenheit eine grosse Rolle. Ist die Wärmeleitfähigkeit schlecht, so kann dies z.B. beim Aufheizen zu höheren Temperaturgradienten und bei kurzen Zyklen auch zu einer höheren Oberflächentemperatur führen.

Da der Einsatztemperaturbereich für Zylinderdeckel unter 500°C liegt, spielen die zwei Einflussgrössen Volumen- und Eigenschaftsveränderungen durch Gefügeveränderungen sowie Oxidation hier noch keine wesentliche Rolle, weshalb darauf auch nicht näher eingegangen werden soll. Eine ausführliche

Besprechung gibt jedoch F. Henke[139].

Auf die Beanspruchungsverhältnisse eines Zylinderdeckels wurde in Abschnitt 3 hingewiesen. Danach sind die Wärmespannungen als Hauptbelastung von Zylinderdeckeln anzusehen.

Die höchsten thermischen Spannungen treten im Bereich der Stege zwischen den Ventilen auf, wo brennraumseitig bei heutigen Hochleistungsmotoren Temperaturbelastungen bis zu 400°C auftreten (vgl. Abschnitt 3). Die tiefsten Temperaturen des Zylinderkopfes liegen dagegen zwischen 80 und 120°C in den äusseren Wandungen und auf der Kühlwasserseite des Steges. Entsprechend der Temperaturdifferenz und der mit steigender Temperatur zunehmenden Wärmeausdehnung müsste sich der Steg erheblich mehr ausdehnen als die kälteren Aussenwände. Da die Aussenwände den Steg daran hindern, ist dies nicht möglich, so dass in den heisseren Bereichen Druckspannungen entstehen, die in den kälteren Aussenstegen und an der gekühlten Stegrückseite Zugspannungen bewirken. Diese Zugspannungen sind infolge der grösseren Querschnitte der äusseren Zonen meist kleiner als die Druckspannungen im Steg[1].

Der Mechanismus der thermischen Ermüdung wurde bereits im Abschnitt 3 anhand des Bildes 1 ausführlich erläutert und daraus gefolgert, welche Werkstoffeigenschaften für hohe Beständigkeit gegen thermische Beanspruchung notwendig sind.

In den Abschnitten 4.1 bis 4.3 wurden die bis heute bekanntgewordenen erreichbaren Werkstoffeigenschaften der für Zylinderdeckel in Verwendung stehenden Gusseisenqualitäten zusammengefasst.

Im folgenden soll nun versucht werden, auf Grund dieser Unterlagen eine zumindest näherungsweise Bewertung hinsichtlich der thermischen Belastbarkeit der 3 Werkstoffgruppen GGL, GGG und GGV abzuleiten.

Hierzu sind zunächst einige Vereinfachungen notwendig, um den Spannungszustand in einer Zylinderkopfbodenplatte grössenordnungsmässig abschätzen zu können. Bild 167 stellt ein Ersatzschema für eine Zylinderkopfbodenplatte dar, auf welches das Prinzip der thermischen Ermüdung nach Bild 1 unmittelbar anwendbar ist.

Beim Motorenbetrieb befinden sich nach Angaben von Ch. Irmler[1)] die Aussenstege 1 und 3 ungefähr auf gleicher Temperatur, während der Innensteg 2 (bei etwa gleicher Temperatur über die Stegbreite) wesentlich heisser ist und rund 200°C und mehr über der Temperatur der Aussenstege liegen kann. Der Innensteg unterliegt daher einer grösseren Wärmeausdehnung als die Aussenstege und wird durch diese an seiner Ausdehnung behindert, so dass an den wärmeren Stellen Druckspannungen entstehen. Diese Wärmespannungen resultieren aus dem stationären und dem instationären Motorenbetrieb. Während im stationären Betrieb die Wärmespannungen durch ein stationäres Temperaturfeld über längere Zeit hindurch gleich bleiben, führen die instationären Wärmespannungen zu einer Wechselbelastung des Werkstoffes. Diese instationären Spannungen setzen sich aus den periodischen Spannungen als eine Folge der periodischen Temperaturschwankungen bei den Arbeitsspielen des Motors (ca. max. 10 - 20°C in der äussersten Oberflächenzone und daher unbedeutend[1)184)])sowie aus den quasistationären Wärmespannungen beim An- und Abstellen bzw. bei Laständerungen des Motors zusammen.

Die stärkste Belastung für einen Werkstoff stellen Aufheiz- und Abkühlvorgänge dar, besonders dann, wenn sie sehr rasch erfolgen.

Obwohl am realen Zylinderkopf die Temperaturverteilung im Steg auf der Einlass- und Auslassventilseite zwangsläufig unterschiedlich sein muss, was entsprechend komplizierte Spannungsverhältnisse schafft[1], soll als weitere Vereinfachung angenommen werden, dass der Mittelsteg eine Platte darstellt, die auf der einen Seite (Brennraumseite) erwärmt und auf der anderen Seite (Kühlkanalseite) gekühlt wird. Unter der Annahme eines weitgehend linearen Temperaturverlaufes über die Plattendicke (diese Annahme erscheint nach Temperaturverlaufsermittlungen in der Zylinderkopfwand[1] nach Bild 168 sowohl für stationären als auch instationären Motorbetrieb zulässig), lassen sich die in der heissen Zone auftretenden Druckspannungen, die auf der kalten Seite entsprechend hohe Zugspannungen verursachen, errechnen.

Durch die getroffenen Vereinfachungen sind die so errechneten Spannungen zwar nicht unmittelbar auf reale Zylinderköpfe übertragbar, aber für eine vergleichende Werkstoffbewertung durchaus geeignet.

Für teilweise behinderte Wärmedehnung nach Bild 169c ergibt sich nach Tafel 54 eine maximale Druckspannung in der heissen Zone von

$$\sigma_{th\ max} = \frac{\alpha \cdot E \cdot \Delta T}{2\,(1 - \nu)}$$

und eine gleich grosse Zugspannung auf der gekühlten Seite.

Demnach sind die bei behinderter Wärmeausdehnung im Steg eines Zylinderdeckels entstehenden thermischen Spannungen dann gering, wenn Wärmeausdehnungskoeffizient α, E-Modul und Poissonzahl ν des Werkstoffes möglichst klein sowie die Temperatur der Brennraumseite und damit die Temperaturdifferenz ΔT möglichst niedrig sind.

Für die in der Praxis der Zylinderdeckelfertigung verwendeten Gusseisenwerkstoffe GG 20, GG 30, GGG 40 und GGV 35 wurden die zu erwartenden Wärmespannungen, wie Tafel 55 zeigt, vergleichsweise für Oberflächentemperaturen der heissen Seite von 100 und 400°C errechnet, wobei die in Tafel 56 angegebenen Eigenschaftswerte zugrunde gelegt wurden. Aus Tafel 55 geht zunächst schon eindeutig hervor, dass mit steigender Gusseisenqualität im Sinne höherer mechanischer Eigenschaften die reinen Wärmespannungen zunehmen, was bei Werkstoffwechsel vom Konstrukteur beachtet werden muss, da ein Teil der durch Qualitätserhöhung erzielten Steigerung der mechanischen Festigkeit durch die höheren thermischen Spannungen wieder verbraucht wird.

In Anlehnung an eine bereits von L. Kindbom[243] sowie später auch von F. Henke[139] vorgeschlagene Darstellungsweise wurden die mit steigender Temperatur sich aufbauenden Druckspannungen in den Bildern 170 a bis c den Festigkeitseigenschaften der Gusseisenwerkstoffe im interessierenden Temperaturbereich bis 500°C gegenübergestellt, wobei nicht nur die statischen Zugfestigkeits- und Streckgrenzenwerte, sondern im Hinblick auf die Temperaturwechselbeanspruchung auch die Zugdruckwechselfestigkeit und die Zugschwellfestigkeit mit in die Darstellung aufgenommen wurden.

Über das unterschiedliche Verhalten der 3 Gusseisenwerkstoffgruppen GGL (Bild 170a), GGG (Bild 170b) und GGV (Bild 170c) bei Temperaturwechselbelastung lässt sich nun folgendes aussagen:

Im Fall einer einseitigen Erwärmung, bei der die kalte Seite z.B. auf RT bleibt, gilt der Schnittpunkt der Spannungslinie σ_{th} mit der Raumtemperaturzugfestigkeit. Für GG 20 bedeutet dies, dass bei einer Temperaturdifferenz von etwa 250 K die kalte Seite reissen kann, weil die Zugfestigkeit überschritten wird. Bei einem GG 30 liegt dieser Punkt bei einer Temperaturdifferenz von rd. 330 K.

Bei ferritischem Gusseisen mit Kugelgraphit wird dagegen bereits bei einer Temperaturdifferenz von ca. 200 K an die Streckgrenze bei Druckbeanspruchung (das entspricht etwa gleich der Streckgrenze bei Zugbeanspruchung) überschritten, d.h. dass es ab einer Temperaturdifferenz von 200 K im Gegensatz zu den Gusseisen mit Lamellengraphit zu einer Stauchung der heissen Seite, nicht aber zum Bruch kommt. Ein Reissen der kalten Seite wäre nach Bild 170b erst bei einer Temperaturdifferenz von ca. 340 K möglich, doch steht eine Bruchdehnung von meistens über 20 % zur Verfügung, so dass ein Bruch unwahrscheinlich ist.
Ähnliche Verhältnisse ergeben sich bei Gusseisen mit Vermiculargraphit (Bild 170c). Ab etwa 220 K, also etwas später als bei GGG 40, tritt bei Überschreiten der Streckgrenze eine Stauchung der heissen Seite ein. Ein Bruch der kalten Seite wäre ab etwa einer Temperaturdifferenz von 330 - 340 K möglich, doch stehen auch hier 4 - 6 % Bruchdehnung zur Verfügung. Bei dieser Darstellung ist die Spannungsabhängigkeit des E-Moduls von GGL im Zugbereich nicht berücksichtigt. Da der E-Modul mit steigender Zugspannung abnimmt, sind die tatsächlich auftretenden Zugspannungen auf der kalten Seite betragsmässig kleiner als die Druckspannungen auf der heissen Seite, wodurch der Abstand zwischen den Gusseisenwerkstoffen mit Lamellengraphit von den Gusseisen mit Kugelgraphit zusätzlich etwas vergrössert wird.

Betrachten wir nun das Verhalten der heissen Seite, so gelten die Werkstoffwerte bei der jeweiligen Temperatur. Für Gusseisen mit Lamellengraphit kann Temperaturabhängigkeit der Druckfestigkeit (vgl. Bild 29) ähnlich der der Zugfestigkeit angenommen werden, wobei jedoch die Werte 3 bis 4 mal höher liegen als die Zugfestigkeit, so dass eine Rissbildung auf der heissen Seite infolge zu hoher Druckspannungen nicht möglich ist. Massgebend für eine Verformung, d.h. Stauchung

der warmen Seite ist die aus Bild 31 übertragene Warmstreckgrenze unter Druck. GG 20 wird sich ab einer Temperaturdifferenz von 260 K, GG 30 ab 270 bis 280 K verformen. Bei Gusseisen mit Kugelgraphit trifft sich die Druckspannungslinie bereits bei 200 K Temperaturdifferenz mit der Warmstreckgrenze, d.h. dass die Temperaturgrenze für eine plastische Stauchung des Steges bei GGG um 60 - 80°C niedriger liegt als bei den Gusseisenwerkstoffen mit Lamellengraphit.
Bei GGV 35 liegt dieser Schnittpunkt bei einer Temperaturdifferenz von etwa 220 K und damit etwas höher als bei ferritischem Gusseisen mit Kugelgraphit.
Sowohl für Gusseisen mit Lamellengraphit als auch für Gusseisen mit Kugelgraphit wurden in Bild 170a, b die durch 0,5 % Mo-Zusatz erhöhten Warmstreckgrenzen eingezeichnet. Hierdurch lässt sich die Temperaturdifferenz, bei der die Stauchung der warmen Seite einsetzt, bei GG 30 um 60 K von 270 auf 330 K erhöhen, bei Gusseisen mit Kugelgraphit hingegen nur um 20 K von 200 auf 220 K. Am grundsätzlichen Unterschied beider Werkstoffe ändert sich nichts. Das Legieren wirkt sich auf jeden Fall vorteilhaft aus und dürfte auch bei Gusseisen mit Vermiculargraphit erfolgversprechend sein. Für diesen Werkstoff liegen jedoch noch keine diesbezüglichen Untersuchungsergebnisse vor. Entsprechende Forschungsarbeiten sind jedoch im Laufen[214].

In dieser Darstellung wurden bei allen Werkstoffen zur Berechnung der thermischen Spannungen gleiche Temperaturdifferenzen zugrundegelegt, d.h. die unterschiedliche Wärmeleitfähigkeit wurde nicht berücksichtigt. Da diese jedoch bei den betrachteten Werkstoffen stark differiert und bei ferritischem Gusseisen mit Kugelgraphit z.B. um über 30 % niedriger liegt als bei perlitischem GG 20, entstehen natürlich bei gleichen Einsatzbedingungen entsprechend grössere Temperaturunterschiede, die wiederum höhere thermische Spannungen verursachen.

R. Maciotta[94] stellte beispielsweise bei Umstellung eines Zylinderkopfes von GGL auf GGG bei unveränderter Konstruktion einen Anstieg der maximalen Zylinderkopftemperatur von 335°C auf 380°C fest.

Bei Stahlwerkskokillen wurden unter ähnlichen Verhältnissen beim Abguss des Blockes in Kokillen aus GGG (λ = 0,07 cal/cm.s.°C = = 0,29 W/cm.K) Temperaturgradienten von etwa 35 K/cm gemessen, während sich bei GGL mit höherer Wärmeleitfähigkeit (λ = 0,12 cal/cm.s.°C = 0,50 W/cm K) Temperaturgradienten von 21 K/cm ergaben[142]. Bei gleicher Wanddicke sind deshalb in diesem Fall allein durch die unterschiedliche Wärmeleitfähigkeit bei Gusseisen mit Kugelgraphit um den Faktor 35:21 = 0,12:0,07 = 1,67 mal höhere thermische Spannungen zu erwarten.

Dieser Einfluss der Wärmeleitfähigkeit wurde auch für die Verhältnisse in den Bildern 170 a bis c errechnet und ist Tafel 55 zu entnehmen. Mit Hilfe des so ermittelten Spannungserhöhungsfaktors gegenüber GG 20 wurde eine korrigierte thermische Spannung $\sigma_{th\ korr.}$ erhalten und in die Bilder 170a bis c eingetragen. Diese korrigierte Spannungslinie wird vor allem bei rascher Temperaturveränderung, bei der die Wärmeleitfähigkeit entscheidenden Einfluss hat, anzuwenden sein. Dadurch werden die bis zum Auftreten plastischer Verformung zulässigen Temperaturdifferenzen für die Werkstoffe GG 30, GGV 35 und GGG 40 im oben besprochenen Sinn zu niedrigeren Werten verschoben, wobei der stärkste Einfluss erwartungsgemäss bei GGG 40 auftritt, wo der Schnittpunkt der korrigierten Druckspannungslinie mit der Warmstreckgrenze um 40 K von 200 auf 160 K Temperaturdifferenz erniedrigt wird. (Bei GG 20 liegt dieser Schnittpunkt um 100 K höher bei 260 K Temperaturdifferenz!)

Die Wanddicke der Platte ist in der Beziehung für die Spannungsermittlung nicht direkt enthalten, geht aber über die Temperaturdifferenz indirekt in die Berechnung ein, da mit zunehmender Plattendicke die Temperaturdifferenz zwischen den Plattenoberflächen grösser wird[184][185].
Auf die Verhältnisse am Zylinderdeckel übertragen ist daraus zu folgern, dass eine Wanddickenzunahme der Bodenplatte die thermischen Spannungen immer erhöht. Im Falle einer Qualitätsumstellung auf höhere mechanische Festigkeit (z.B. von GGL

niedriger Festigkeit auf GGL höherer Festigkeit oder auf GGV bzw. GGG) muss versucht werden, durch entsprechende konstruktive Massnahmen die Wandstärke so weit wie möglich zu verringern, um eine Erhöhung der thermischen Spannungen weitgehend zu vermeiden[105].

Die in Bild 170a dargestellten Zusammenhänge werden durch Untersuchungsergebnisse von A. Erker u. F. Rösch[108] [155] weitgehend bestätigt, die Wärmespannungsmessungen an festeingespannten Proben aus GG 20/22 durchführten.

Die Ergebnisse sind in den Bildern 171 bis 173 dargestellt. Soferne noch keine merkliche Abweichung in der Proportionalität von Temperatur und Druckspannung auftrat, wurde bei Erwärmung unter behinderter Dehnung im perlitischen GG 20/22 je 100°C Erwärmung eine Druckspannung von rd. 65 N/mm^2 erzeugt. Bei perlitischem GGL trat ab etwa 300 bis 350°C eine merkliche Abweichung in der Proportionalität von Temperatur und Druckspannung auf, was sowohl mit der Warmstreckgrenze für Druck nach Bild 31 als auch mit in diesem Bereich von S.G. Baker u. A. Pope[116] festgestellter Temperaturgrenze für das Druckkriechen (vgl. Bilder 35 und 36) hinreichend übereinstimmt. A. Erker u. F. Rösch stellten weiter fest (Bild 172b), dass die bei 460°C erreichte Druckspannung von etwa 220 bis 280 N/mm^2 auch bei höheren Temperaturen nicht überschritten wird, da sich im Gebiet ab 450°C durch zunehmendes starkes Fliessen die Druckspannung abbaut. Ähnliche Werte erhielt M. Trbizan[244], der die Temperaturgrenze für das Einsetzen des plastischen Fliessens unter Druckbeanspruchung mit 400 bis 420°C und die Temperatur des Druckspannungsmaximums mit 480°C angibt. Bei ferritischem GGL tritt nach A. Erker u. F. Rösch die Abweichung von der Proportionalität zwischen erreichter Temperatur und Spannung bereits bei 250°C ein (vgl. Bild 173) und die maximal erreichten Druckspannungen liegen bei etwa 200 bis 240 N/mm^2. Oberhalb dieser Temperatur tritt stärkeres Fliessen und Spannungsabfall ein.

Diese Temperaturgrenze für ferritisches Grundgefüge stimmt weitgehend mit ferritischem Gusseisen mit Kugelgraphit überein, dessen Kriechgrenze nach Abschnitt 4.2.2.4.2 zwischen 200°C (unlegiert, mangangarm) und 300°C (mit 0,3 % Mn) liegt.

Die während des Aufheizens auf der heissen Seite entstehenden Druckspannungen können je nach deren Höhe sowie je nach Belastungsdauer und -temperatur durch Kriechen oder nach Überschreitung der Warmstreckgrenzen durch plastisches Fliessen teilweise oder weitgehend abgebaut werden. Dies verursacht während der Heizperiode Verformungen im plastischen Bereich, die bei nachfolgender rascher Abkühlung irreversibel sind und zu Restzugspannungen führen, deren Höhe vom Betrag der plastischen Verformung abhängig ist. Für die in Bild 172 b dargestellten Verhältnisse an GG 20/22 geben A. Erker u. F. Rösch als ungefähren Richtwert an, dass durch eine plastische Stauchung von 0,1 % beim Aufheizen u. Abkühlen eine Restzugspannung von etwa 100 N/mm^2 hervorgerufen wird.

Die Wirkung einer Haltezeit von 24 Std. im Druckspannungsbereich machen Untersuchungsergebnisse von S.G. Baker und J.A. Pope[116) 211)] deutlich, die in den Bildern 174a, b dargestellt sind und die Spannungsrelaxation durch Fliessen, die besonders bei 400°C sehr ausgeprägt ist, erkennen lassen. Die untersuchten Eisen N, E und F sind in Tafel 16 näher beschrieben. Bei hoher Temperatur ist die plastische Verformung bei Gusseisen mit Kugelgraphit am stärksten, so dass es nach dem Abkühlen bei diesem Eisen zu den höchsten Restzugspannungen kommt. Von den untersuchten 3 Eisen schneidet das Mo-Ni-legierte Gusseisen mit Lamellengraphit am günstigsten ab.

Auffallend sind die gegenüber den Ergebnissen von A. Erker u. F. Rösch fast doppelt so hohen Druck- und Zugspannungen. Dies ist wahrscheinlich auf andersartige Versuchsbedingungen ähnlich Bild 169 d[45)118)] zurückzuführen.

Bei gleicher Stauchung sind die zu erwartenden Restzugspannungen bei Gusseisen mit Kugelgraphit infolge seines höheren E-Moduls entsprechend höher. Die Einsatztemperatur für das Auftreten plastischer Stauchung liegt jedoch bei Gusseisen mit Kugelgraphit um ca. 80 bis 100°C niedriger als bei Gusseisen mit Lamellengraphit, so dass bei Verwendung von Gusseisen mit Kugelgraphit für niedrigere Stegtemperaturen gesorgt werden muss, um hohe Wärmespannungen zu vermeiden.

Die bisherigen Ausführungen zeigen sehr deutlich das unterschiedliche Verhalten von Gusseisen mit Lamellengraphit und Gusseisen mit Kugelgraphit. Bei letzterem tritt eine Verformung sowohl der warmen als auch der kalten Bereiche bei kleineren Temperaturunterschieden als bei Gusseisen mit Lamellengraphit ein. Dafür besteht jedoch infolge seiner Verformbarkeit ein viel geringeres Bruchrisiko. Bei Gusseisen mit Lamellengraphit tritt eine Verformung erst bei höheren Temperaturen und höheren Temperaturunterschieden auf, aber der Spielraum bis zu einem Reissen der kalten Seite, die zum vollständigen Ausfall des Werkstückes führen kann, ist kleiner.

Diese Überlegungen gelten aber streng genommen nur für einen bzw. für einige wenige Temperaturwechsel.

Im Motorenbetrieb handelt es sich jedoch nicht um wenige, sondern um zahlreiche aufeinanderfolgende Temperaturwechsel. In diesem Fall sind die Dauerfestigkeitseigenschaften der Werkstoffe von ausschlaggebender Bedeutung, die niedriger sind als die Zugfestigkeit und die Streckgrenze und daher auch in die Bilder 170 a bis c aufgenommen worden sind. Dabei wird angenommen, dass sich die aus der Temperaturwechselbelastung ergebenden Zugrestspannungen, die für die Rissbildung verantwortlich sind, im Bereich zwischen der Zugdruckwechselfestigkeit σ_{zdw} und der Zugschwellfestigkeit σ_{sch} bewegen, weshalb beide Eigenschaftskennwerte eingezeichnet wurden. Da die auftretenden Ermüdungsrisse als Kerben aufzufassen sind, wurden ebenfalls die Kerbdauerfestigkeitskennwerte mitberücksichtigt. Diese wurden mit Hilfe der aus den Biegewechselversuchen bekannten Kerbwirkungszahlen von β_K = 1,3 für GG 30 (vgl. Abschnitt 4.2.1.7, Bild 67) und β_K = 1,7 für ferritischen GGG 40 (vgl. Abschnitt 4.2.2.6, Bild 134) näherungsweise errechnet. Die Temperaturabhängigkeit wurde als gleich angenommen wie bei der Biegewechselfestigkeit.

Auf Grund seiner grösseren Kerbempfindlichkeit schneidet auch bei dieser Betrachtungsweise Gusseisen mit Kugelgraphit schlechter ab als Gusseisen mit Lamellengraphit.

Die Darstellung in den Bildern 170 a bis c kann auf Grund der getroffenen stark vereinfachenden Annahmen nur als qualitative Vergleichsmöglichkeit angesehen werden. Bei realen Gussstücken sind die Verhältnisse wahrscheinlich sogar meist etwas günstiger da die Umgebung der erwärmten Zone nicht völlig starr und unnachgiebig ist und sich bei der Erwärmung ebenfalls teilweise miterwärmt. Auch konnte bei dieser Art der Darstellung die Zugspannungsabhängigkeit des E-Moduls der GGL-Werkstoffe nicht berücksichtigt werden, die sich beim Aufbau von Restspannungen günstig auswirkt.

Aus den bisherigen Ausführungen lässt sich klar ersehen, dass bei der Temperaturwechselbeanspruchung der Werkstoff in erster Linie einer mehr oder weniger konstanten Wechselverformung unterworfen ist, d.h. die Fähigkeit des Werkstoffes, Wechseldehnungen zu ertragen, rückt gegenüber der Fähigkeit, Wechselspannungen zu ertragen, in den Vordergrund. Solange sich die Gesamtdehnungsschwingbreite im überwiegend elastischen Bereich bewegt, liegen die Lastwechselzahlen über 10^5 und damit im Bereich der Dauerfestigkeit. Mit zunehmendem plastischem Dehnungsanteil nimmt die Bruchlastspielzahl ab. Der Schnittpunkt der logarithmischen Geraden für den elastischen und plastischen Dehnungsanteil liegt, wie Bild 175 schematisch zeigt, für die meisten Werkstoffe bei etwa 10^3 bis 10^4 Lastwechsel und bei einer Dehnungsschwingbreite von 0,001 bis 0,01.

Die thermische Ermüdung spielt sich vorwiegend in diesem Bereich höherer plastischer Dehnungsschwingbreiten, also im Bereich der Zeitfestigkeit (Low-Cycle-Fatigue) ab. Dabei ist von jenem Werkstoff eine höhere Lebensdauer zu erwarten, der bei gleicher Gesamtdehnungsschwingbreite (d.h. gleicher Wärmeausdehnung) den höheren elastischen Dehnungsanteil aufweist, d.h. den niedrigeren E-Modul besitzt[3)68)101)139)].

Im Bereich der Zug-Druck-Dauerwechselfestigkeit wurde, wie aus Bild 176a hervorgeht, von E. Zingg u. E.K. Modl[159)] bei perlitischem Gusseisen mit Lamellengraphit (Probe 5) mit einer Zugfestigkeit von 27,1 kp/mm^2 eine höhere plastische Dehnung gemessen als bei ferritischem Gusseisen mit Kugelgraphit (Probe 3). Dieser Unterschied und damit Vorteil des GGL gegenüber GGG wird bei Einbeziehung des elastischen Dehnungsanteiles infolge des niedrigeren E-Moduls von GGL noch grösser.
Dass bereits geringe Verbesserungen des elastischen Dehnungsanteiles erhebliche Lebensdauersteigerungen mit sich bringen, lässt sich aus den in Bild 176b dargestellten Zusammenhängen sehr deutlich entnehmen[178)]. Es handelt sich hier um zwei Gusseisen mit Lamellengraphit für Zylinderlaufbüchsen (Tafel 66). Durch günstigere Graphitausbildung und starke Verfeinerung des Perlits konnte das Eisen MCC gegenüber ASC so verbessert werden, dass es bei gleicher Gesamtdehnungs -

schwingbreite einen höheren elastischen Dehnungsanteil und damit höhere Lebensdauer und geringere Rissneigung aufweist. Dieses günstigere Verhalten bei dynamischer Beanspruchung lässt sich auch auf Grund der Steigerung des Zugfestigkeits-Härte-Verhältnisses von 1,5 auf 1,6 erwarten.

Zug-Druck-Wechselversuche mit kontrollierter Dehnungsschwingbreite wurden wegen erheblicher versuchstechnischer Schwierigkeiten, besonders bei höheren Temperaturen, erst wenige an Gusswerkstoffen durchgeführt[107)172)178)179)180)198)].

Bild 177 zeigt ein von R. Bertodo[107)] mitgeteiltes kombiniertes Zeit- und Dauerwechselfestigkeitsdiagramm für Mo-legierte Gusseisen mit Lamellengraphit GG 30, das für den Temperaturbereich von 20 bis 400°C gültig ist, da bis 400°C keine wesentlichen Abweichungen festgestellt worden sind. Aus diesem Diagramm kann die in Abhängigkeit von der maximalen Dehnungsschwingbreite zu erwartende Bruchlastspielzahl bis 10^4 Lastwechsel entnommen werden.

Die Resultate dehnungskontrollierter Zug-Druck-Wechseluntersuchungen an 2 Gusseisen mit Lamellengraphit und einem perlitischen Gusseisen mit Kugelgraphit bei 20°C und 450°C, gekerbt und ungekerbt, im Vergleich zu einigen anderen Werkstoffen (Tafel 57) gehen aus den Bildern 178 bis 183 hervor [172)180)198)]. Wegen leichterer Messbarkeit wurden anstelle der Längsdehnungen allerdings die gesamten (elastischen und plastischen) Querdehnungen (total diametral strain range) gemessen, so dass die Aussage dieser Bilder nur qualitativ zu werten ist.

Bei spannungskontrollierter Versuchsführung (Bild 178) weisen die Werkstoffe mit steigender Zugfestigkeit steigende Zug-Druck-Wechselfestigkeit auf. Bei dehnungskontrollierter Versuchsführung hingegen (Bilder 179 und 180) ist die Reihung der

Werkstoffe eine andere; sie orientiert sich am Verformungsvermögen.

Bei kerbfreien Proben ist das Dehnungswechselverhalten von Gusseisen mit Kugelgraphit F den beiden Gusseisen mit Lamellengraphit B und E deutlich überlegen (Bilder 179a, b), wobei sich der Einfluss steigender Temperatur bis 450°C bei Eisen F stärker verbessernd auswirkt. Bei gekerbten Proben geht der Vorteil des Gusseisens mit Kugelgraphit bei RT (Bild 180a) ganz und bei 450°C (Bild 180b) weitgehend verloren, während sich die Werte für die Gusseisen mit Lamellengraphit infolge ihrer geringen Kerbempfindlichkeit nicht wesentlich verändern. Vergleicht man die 3 Werkstoffe hinsichtlich der rein plastischen Verformungsanteile, wie dies anhand der Bilder 181 bis 183 möglich ist, so kommt die Kerbempfindlichkeit des Gusseisens mit Kugelgraphit noch deutlicher zum Ausdruck (Bild 183). Für eine näherungsweise Abschätzung der Längsdehnungsschwingbreiten aus den gemessenen Querdehnungen sind die in Bild 184 angegebenen Kalibrierkurven verwendbar.

Haltezeiten in der Druckphase bei 450°C erhöhen den plastischen Verformungsanteil durch Kriechen und verringern damit die Lebensdauer[198]. Eine Temperatursteigerung auf 500°C verstärkt diesen Effekt.

Eine Erhöhung der Mitteldehnung im Druckbereich bringt bei Gusseisen mit Lamellengraphit eine deutliche Lebensdauersteigerung, die bei RT stärker ausgeprägt ist als bei 450°C. Bei Gusseisen mit Kugelgraphit wurde kein Einfluss der Mitteldehnung im Druckbereich festgestellt[198]. Die Erklärung liegt darin, dass bei GGL die Druckfestigkeitseigenschaften wesentlich höher sind als die Zugfestigkeitseigenschaften, während dieser Unterschied bei GGG nicht vorhanden ist.

Mit steigender Mitteldehnung im Zugbereich wird die maximal ertragbare Dehnungsschwingbreite bzw. die Lebensdauer verringert[179].

Eine Erniedrigung der Schwingungsfrequenz von 4 Lastwechsel/min auf 0,4 /min verringert die Lebensdauer bei 450°C bei Gusseisen mit Kugelgraphit infolge des Kriecheinflusses dieses Werkstoffes[198].

Unabhängig von den theoretischen Überlegungen und der daraus abgeleiteten Folgerung der Notwendigkeit zur Durchführung bisher kaum vorgenommener dehnungskontrollierter Ermüdungsversuche wurden von zahlreichen Forschern eine Reihe von Untersuchungen der praktischen Temperaturwechselbeständigkeit angestellt. Dabei wurden sehr unterschiedliche Prüfverfahren mit unterschiedlichen Aufheiz- und Abkühlbedingungen angewandt, wobei die ungleichen Wärmeleitfähigkeitswerte der untersuchten Werkstoffe entweder nicht oder nur unzureichend berücksichtigt wurden. Obwohl die Wärmeleitfähigkeit bei langsamer Erwärmung keinen direkten Einfluss auf die Bildung thermischer Spannungen hat, übt sie bei schnellen Temperaturwechseln einen grossen Einfluss aus, weil bei schlechter Wärmeleitfähigkeit die auftretenden Temperaturgradienten grösser und damit auch die lokalen thermischen Spannungen höher sind, was, je nach Werkstoff, zu höheren Wärmedehnungen und plastischen Verformungen führen kann. Die oft sehr voneinander abweichenden Versuchsbedingungen dürften der Grund dafür sein, dass verschiedene Autoren gleiche Werkstoffe hinsichtlich ihrer Temperaturwechselbeständigkeit genau entgegengesetzt beurteilen.

Im folgenden sind einige der wichtigsten Arbeiten auszugsweise wiedergegeben.

Im Schrifttum häufig zitiert wird eine Untersuchung von W. Schreyer, die sich vorwiegend mit dem Temperaturwechselverhalten von Zylinderkopfwerkstoffen befasst[145]. Hier wurde ein Probestab bei verschiedenen Zugvorspannungen induktiv auf 450°C erhitzt und anschliessend mit einer Luftdusche auf 90°C abgekühlt. Bei jeder Beanspruchungsstufe wurde die Zahl der Temperaturwechsel bis zum Bruch ermittelt. Bild 185 zeigt solche Ergebnisse für einige Werkstoffe. Tafel 58 enthält Angaben über die untersuchten Werkstoffe und die ermittelten Temperaturwechselzahlen sowie über weitere interessante Eigenschaften dieser Gusseisen. Als Temperaturwechselfestigkeit wird jene Zugvorspannung bezeichnet, bei der die Probe 550 Temperaturwechsel ohne Schaden überstand. Bei dieser Art der Prüfung geht es in erster Linie um reine Warmfestigkeit und Dauerwechselfestigkeit. Der beste Werkstoff war daher auch das perlitisch-ferritische Gusseisen mit Kugelgraphit GGG 60, gefolgt von hochfesten bainitischen, nickel-molybdän-legierten Gusseisen mit Lamellengraphit. Für ausgesprochene Thermoschockbeanspruchung dürften beide Werkstoffe allerdings nicht besonders geeignet sein, denn ihr Gefüge ist bei längeren Temperaturbeanspruchungen nicht stabil. Das bainitische Gusseisen hat ausserdem einen relativ hohen Wärmeausdehnungskoeffizienten ($\alpha = 16{,}5 \cdot 10^{-6}$/K bis 400°C, vgl. Tafel 50, Eisen 22) und hohen E-Modul und führt daher bei behinderter Wärmeausdehnung zu sehr hohen Wärmespannungen, die bei dieser Art der Prüfung nicht berücksichtigt werden.

Weiterhin ist den Ergebnissen zu entnehmen, dass ferritisches Gusseisen mit Kugelgraphit GGG 40 den perlitischen GGL-Werkstoffen überlegen ist. Bei den letzteren schliesslich schneiden die Mo-Cr-legierten Eisen am besten ab.

Zu ähnlichen Ergebnissen in der Reihung der Werkstoffe kommt eine neuere Arbeit von M. Trbizan[244]. Untersucht wurden verschiedene unlegierte Gusseisen mit Lamellengraphit und ein ferritisches Gusseisen mit Kugelgraphit (vgl. Tafel 59) im Temperaturbereich von 550 bis 900°C, wobei zylindrische Proben in einen Rahmen eingespannt und im direkten Stromdurchfluss auf Prüftemperatur erwärmt und hierauf an Luft in 150 sec abkühlen gelassen wurden. Das Prüfergebnis zeigt Bild 186, die hierbei gemessenen Zugrestspannungen Bild 187. Auch bei dieser Prüfmethode mit verhältnismässig gleichmässiger und langsamer Erwärmung und Abkühlung erfolgt die Reihung der Werkstoffe nach ihrer Festigkeit bzw. Warmfestigkeit. Das ferritische Gusseisen mit Kugelgraphit wies bei 200 Temperaturzyklen noch keinen Bruch auf und ist in Bild 186 daher gar nicht eingezeichnet.

Zu ähnlichen Aussagen kommen auch J.-C. Margerie und Mitarb.[7)], J.R. Kattus u. B.Mc Pherson[17)], H. Braun[147)], Ch. F. Walton[213)] u. F. Kaden[245)].

Treten bei der Temperaturwechselbeanspruchung grosse Temperaturgradienten auf und wird ausserdem die Wärmeausdehnung weitgehend behindert, so sind die Gusseisen mit Lamellengraphit den duktilen Werkstoffen mit Kugelgraphit eindeutig überlegen[8)68)148)].

W. Friedrich[8)] untersuchte Zylinderkopfgusseisen und verwendete hierzu geschliffene Probekörper mit 9,5 x 13 x 22 mm, die in 10 - 20 sec induktiv auf 650° C erwärmt und hierauf in Wasser abgekühlt wurden. Als Mass für die Rissanfälligkeit wurde die Anzahl der auf den beiden Prüfflächen (13x22 mm) aufgetretenen Risse in Abhängigkeit von der Zahl der Temperaturzyklen bewertet.

Die Ergebnisse für unlegiertes GGL zeigt Bild 188. Gusseisen mit höherem C-Gehalt beginnt erst später zu reissen: die Proben mit 3,3 % C nach 5 Wechseln, mit 3,5 % C nach 8 Wechseln und mit 3,6 % C nach 16 Wechseln. Mit zunehmender Beanspruchung durch weitere Temperaturwechsel ist die Anzahl der Risse bei den niedriggekohlten Eisen deutlich grösser als bei den hochgekohlten. Bei gleicher Zusammensetzung sind Proben mit grobem A-Graphit weniger rissanfällig als solche mit feinem

D- oder E-Graphit. Dies wird auch von T. Namai[148)] bestätigt und später noch besprochen. Der grosse Einfluss der Temperatur geht aus Bild 189 hervor. Mit steigender Temperatur nimmt die Anzahl der Risse rasch zu.

Der Einfluss von Cr, Ni, Mo und Cu geht aus den Bildern 190a bis d hervor. Die geringste Rissneigung ergeben Zusätze von 0,45 % Cr oder 0,45 % Mo.

Eine noch stärkere Wirkung als Cr oder Mo allein hat ein kombinierter Zusatz von Cr+Ni+Mo, besonders bei hohem C-Gehalt von 3,76 %, wie aus Bild 191 erkennbar ist.

Bei ferritischem Gusseisen mit Kugelgraphit setzte der Rissbeginn früher ein als bei Gusseisen mit Lamellengraphit. Die Anzahl der Risse war gering und änderte sich nach 12 Temperaturwechseln praktisch nicht mehr (Bild 192). Die Risse waren jedoch bereits nach wenigen Temperaturwechseln wesentlich stärker ausgeprägt als bei Gusseisen mit Lamellengraphit, was auch von E. Nechtelberger[68)], T. Namai[148)] sowie K. Prasse[249)] beobachtet wurde. Einige charakteristische Rissbilder zeigt Bild 193.

Wie W. Friedrich angibt, "hatte ein Stichversuch mit Seltenen Erden als Schmelzezusatz eine starke Rissanfälligkeit dieser Probe zur Folge." Es handelte sich dabei offensichtlich um Gusseisen mit Vermiculargraphit, dessen Temperaturwechselverhalten nach E. Nechtelberger[68)] zwischen GGL und GGG liegt, was mit der von W. Friedrich gefundenen Tendenz übereinstimmen würde.

E. Nechtelberger führte eine umfangreiche Untersuchung des Thermoschockverhaltens von Zylinderkopfgusseisen durch[68)], wobei vergleichsweise auch ferritisches Gusseisen mit Vermiculargraphit und ferritisches Gusseisen mit Kugelgraphit mitgeprüft wurden. Die Prüfung erfolgte an einer geschliffenen und polierten Pilzprobe nach Bild 194, die die geometrischen Verhältnisse am Zylinderkopf, einen Steg zwischen 2 Bohrungen, nachahmen soll. Diese Probe wird mit einer Acetylen-Sauerstoff-Flamme auf den Steg zwischen den beiden Bohrungen beheizt und nach Erreichen einer Oberflächentemperatur von 460°C von einer Wasserdusche abgeschreckt. Den Temperaturverlauf während eines Temperaturwechsels zeigt Bild 195. Der Temperaturanstieg während des Aufheizens in rund 17 sec erfolgt mit einer mittleren Geschwindigkeit von etwa 25°C/sec. Zu Beginn der Erwärmung ist der Temperaturanstieg infolge der begrenzten Wärmeleitfähigkeit mit über 100°C/sec noch wesentlich höher, was einen steilen Spannungsgradienten im Stegbereich ergibt. Nach Erreichen der Prüftemperatur wird über einer Wasserdusche abgekühlt, wobei die mittlere Abkühlgeschwindigkeit bis auf ca. 200°C Probentemperatur rd. 400°C/sec beträgt und dann langsamer wird. Die Prüfung wurde solange fortgeführt, bis nach einer bestimmten Anzahl von Temperaturwechseln Stegdurchrisse erzielt wurden (Bild 196), deren Tiefe in Stegmitte ausgemessen wurde. Die Ergebnisse für die untersuchten Gusseisen mit Lamellengraphit nach Tafel 10(mit perlitischem Grundgefüge und A-Graphit Gröbe 3-4) zeigt Bild 197. Demnach zeigen in Übereinstimmung mit den Ergebnissen von W. Friedrich[8] die hochgekohlten Eisensorten die geringste Rissneigung, wobei ebenfalls die Cr+Ni+Mo-legierte Variante mit einer Zugfestigkeit von 240 N/mm^2 und einem niedrigen E_0-Modul von 106,3 kN/mm^2 (10840 kp/mm^2 nach Tafel 17) die günstigsten Ergebnisse liefert. Von den niedriggekohlten hochfesten Eisen hat die Cr+Mo-legierte Variante mit 335 N/mm^2 Zugfestigkeit das günstigste Rissverhalten. Bei den hochfesten Gusseisen mit niedrigem C-Gehalt treten häufig doppelte oder verzweigte Stegrisse auf, was auf höhere Spannungskonzentrationen hinweist. Die entsprechenden Messpunkte in Bild 197 (linkes Teilbild) sind bei Doppelrissen mit einer vertikalen Linie verbunden.

Vergleichsweise wurden auch Proben aus unlegiertem,ferritischem

GGV und GGG geprüft, deren Zusammensetzung und Eigenschaften Tafel 60 zu entnehmen sind. Die Ergebnisse wurden nicht in Bild 197 aufgenommen, da beide Werkstoffe bereits nach 200 Temperaturwechseln über 3 mm tiefe Stegdurchrisse zeigten (Bild 198), während das hochgekohlte Cr+Ni+Mo-legierte Gusseisen mit Lamellengraphit nach 600 Temperaturwechseln nur eine Risstiefe von 1,95mm aufweist.

Nach 100 Temperaturwechseln wurde bei GGV eine Risstiefe von 0,7 mm, bei GGG eine Risstiefe von 1,4 mm gemessen (Bild 199), während Gusseisen mit Lamellengraphit erst eine Risstiefe von 0,55 mm zeigt. Bei weiterer Temperaturwechselbeanspruchung wächst der Tiefenriss bei Gusseisen mit Lamellengraphit nur langsam (nach 600 Temperaturwechseln auf 1,95 mm nach Bild 198), während bei GGG und GGV infolge der höheren Kerbempfindlichkeit bereits nach 200 Temperaturwechseln Durchrisse eintraten. Gusseisen mit Kugelgraphit ist demnach den GGL-Werkstoffen hinsichtlich seines Thermoschockverhaltens deutlich unterlegen. GGV liegt zwischen GGL und GGG, was auch E.R. Evans u. J.V. Dawson[236)] sowie J.C. Margerie[199)] angeben.

Das Ergebnis von J.C. Margerie ist allerdings nur relativ zu bewerten, weil nach seiner Untersuchungsmethode GGG die höchste Temperaturwechselbeständigkeit (nicht gerissen) aufweist, während GGV nach 35 Lastwechseln und GGL nach 15 bis 20 Lastwechseln ausfielen.

Mit dem Einfluss von Graphitform und -anordnung auf das Temperaturwechselrissverhalten beschäftigt sich auch eine Arbeit von T. Namai[148)], der ein interessantes Prüfverfahren entwickelte. Als Probekörper diente ein Hohlzylinder nach Bild 200a, der in einer ringförmigen, wassergekühlten Kokille mit Kupfereinsatz (Bild 200 b) angeordnet ist und von innen mit einem Doppelspuleninduktor periodisch beheizt wird. Der oberflächennahe Bereich des Probekörpers kommt in 2 sec Auf-

1

heitzzeit schnell auf hohe Temperatur von ca.450°C (vgl. Bild 201) und kühlt nach dem Abschalten des Induktors durch die Abschreckwirkung der gut wärmeleitenden Kupferkokille innerhalb 30 sec wieder rasch ab. Zur Vermeidung von Oxidation werden die Versuche unter trockenem Stickstoff durchgeführt. Die untersuchten Werkstoffe wurden 500 Temperaturwechseln unterworfen, wobei die Probeninnenwand in der Mittelzone (Bild 202) thermisch ermüdet und zunehmend brandrissig wird. Der Grad der Rissbildung wird auf elegante Weise mit Hilfe eines "Luftmikrometers" quantitativ ausgemessen. Bild 203 zeigt schematisch das Messprinzip und die Anwendung des Messgerätes. Dieses besteht aus einer Luftleitung, einem Tauchrohr mit Wassergefäss zur Feineinstellung des Luftdruckes auf einen Wert von 500 mm Wassersäule (= 49 mbar), einer Kapillardüse, einem Flüssigkeitsmanometer und einem Messkopf. Der Messkopf trägt eine Silicongummischeibe von 20 mm Ø und 3 mm Dicke (Bild 203b), die beim Einführen in den Probekörper fest an der Innenwand anliegt.

Zur Messung der Brandrissigkeit wird der Probekörper nach erfolgter Temperaturwechselbelastung aus der Kokille genommen und auf den Messkopf nach Bild 203b aufgesetzt, wobei ein Ende mit einem Siliconstopfen verschlossen wird. Nun wird Luft über die Kapillardüse in das Innere des Probestückes geblasen. Ist die Probeninnenwand rissfrei, kann keine Luft entweichen. Sind dagegen Risse vorhanden, strömt die Luft durch die Risse entlang der Gummischeibe des Messkopfes ins Freie und der Druck fällt vom Einstellwert 500 mm Wasser auf einen entsprechend niedrigeren Wert p (in mm). Dieser Druckabfall ändert sich mit der Grösse der Kapillardüse und dem Gesamtquerschnitt aller Risse an der Messstelle, durch den die Luft entweicht. Ist der Düsendurchmesser z.B. 0,2 mm, so beträgt der Düsenquerschnitt 0,0314 mm^2 und damit lässt sich das Ausmass der Rissbildung R aus dem gemessenen Druckabfall p und dem Gesamtquerschnitt A aller Brandrisse an der Messstelle nach der Beziehung ermitteln:

$$R_n = \frac{A}{0{,}0314} \cdot \sqrt{\frac{500-p}{p}}$$

Der Wert R_n in Abhängigkeit von der Zyklenzahl n ist demnach ein direktes Mass für die Brandrissigkeit, wie auch in Bild 204 bestätigt wird.

Zunächst wurden nach dieser Methode Gusseisen mit Lamellengraphit, Gusseisen mit Kugelgraphit und eutektoider Stahl nach 500 Temperaturwechseln vergleichend untersucht. Zusammensetzung der Werkstoffe und Prüfergebnisse sind aus Bild 205 zu entnehmen. Die Rissanfälligkeit nimmt in der Reihenfolge GGL-GGG-Stahl zu. Die geringste Rissneigung hat Gusseisen mit Lamellengraphit, die stärkste der Stahl. Die Risse breiten sich bei Stahl geradlinig aus und sind wesentlich breiter als bei den graphitischen Werkstoffen.

Bei Gusseisen mit Lamellengraphit wurde der Einfluss des Kohlenstoffgehaltes und der Graphitausbildung eingehend studiert, wobei Proben nach Tafel 61 Verwendung fanden. Die Ergebnisse zeigen die Bilder 206 bis 210.

Die Rissanfälligkeit nimmt mit zunehmendem Graphitgehalt ab (Bild 206). Nach Bild 207 liegt die günstigste Graphit-Lamellengrösse zwischen 2 bis 4 nach ASTM, d.h. A-Graphit. Mit zunehmender Graphitfeinheit in Richtung D+E-Graphit nimmt die Rissneigung rasch zu, was auch aus Bild 208 abgeleitet werden kann, wo bei mittlerer Lamellenlänge < 70 µm ein rascher Anstieg der Rissanfälligkeit zu verzeichnen ist. Auch zwischen dem mittleren Abstand der Graphitlamellen und der Rissanfälligkeit besteht nach Bild 209 ein Zusammenhang, da ja der Lamellenabstand mit steigendem C-Gehalt kleiner wird.

Schliesslich wurde noch das Rissverhalten von Gusseisen gleicher Zusammensetzung (A2 nach Tafel 61), aber einmal mit lamellarer Graphitausbildung der Form A, einmal mit feiner Graphitausbildung der Form D (Eisen A1, Zusammensetzung wie A2) vergleichend geprüft und festgestellt, dass die Brandrissneigung bei D-Graphit wesentlich grösser ist (Bild 210). Die im Gusseisen A1 auftretenden Risse waren zwar anzahlmässig gering, aber sehr lang und sehr tief. Diese Beobachtung wurde auch von W. Friedrich[8], H. Terada u. Mitarb.[193] sowie von J.C. Margerie u. Mitarb.[7] gemacht. Die von T. Namai im Laborversuch erarbeiteten Prüfergebnisse brachten gute Übereinstimmung mit dem Standzeitverhalten von Stahlwerkskokillen[148].

Dass der C-Gehalt die dominierende Einflussgrösse zur Verbesserung der Thermoschockbeständigkeit von Gusseisen ist, wird auch in einer Reihe weiterer Untersuchungen klar herausgestellt, die nur auszugsweise erwähnt werden sollen. Der hohe Graphitgehalt erniedrigt den E-Modul und erhöht damit die reversible elastische Verformbarkeit, die geringere Wärmespannungen zur Folge hat[3][38][68][101][106].

Als günstigsten Werkstoff für thermisch beanspruchte Zylinderköpfe und Bremstrommeln empfiehlt J.P. Scholes[76] ein GGL mit niedrigem P-Gehalt und einer Zugfestigkeit von 230 - 250 N/mm^2 und weist darauf hin, dass durch Festigkeitssteigerung die Temperaturwechselbeständigkeit erniedrigt wird.
Über gleiche praktische Erfahrungen berichtete G.S. Selman in der Diskussion der Arbeit von A. Dearden[106](S. 202) und stellte fest, dass bei thermischem Versagen nur ein Senken der Qualität, d.h. eine Steigerung des C-Gehaltes zur Erniedrigung des E-Moduls, zum Erfolg führt. Bei hoher thermischer Beanspruchung ist ein niedriger E-Modul wichtiger als hohe Zugfestigkeit. Beim Betrieb eines Zylinderkopfes ohne Kühlwasser hat sich GGL 22 einem GGL 27 als deutlich überlegen erwiesen[106].

Mit sinkendem E-Modul wird auch die Kerbempfindlichkeit des Werkstoffes geringer[47].

G. Demedts u. G. Goethals[140] untersuchten unlegierte, perlitische GGL-Sorten mit 3,0 bis 3,6 % C, 1,6 % Si, 0,7 % Mn, 0,02 % P und 0,03 % S im Festigkeitsbereich zwischen 190 bis 340 N/mm^2. Die geringste Rissneigung erhielten sie ebenfalls mit höchstem C-Gehalt.

W. Rostoker[137] empfiehlt für hohe Temperaturwechselbeständigkeit GGL mit mind. 3,6%C kombiniert mit 1,5 % Cu. Zur Erzielung von A-Graphit wird eine Impfung angeraten.

V.A. Ilinskii[208] wählt für Traktorenzylinderköpfe GGL mit über 3,4 % C und legiert mit Ni+Cu. Dadurch konnte die thermische Belastbarkeit gegenüber einem hochfesten niedriggekohlten GGL, dessen C-Gehalt aber leider nicht angegeben wird, um 50 - 70 % gesteigert werden. Der Verfasser weist besonders darauf hin, dass der Cr-Gehalt 0,1 % nicht übersteigen soll. In einer weiteren Arbeit wird herausgestellt[246], dass eine Steigerung des C-Gehaltes nur bis zur eutektischen Zusammensetzung $S_c = 1$ sinnvoll ist, weil darüber hinaus durch grobe C-Graphitbildung sowohl die Festigkeitseigenschaften als auch die Temperaturwechselbeständigkeit stark vermindert werden.

Auch die Ergebnisse von P.I. Talanov u. Mitarb.[194] lassen deutlich erkennen, dass die Höhe des C-Gehaltes den Legierungseinfluss überwiegt. Dies geht aus Tafel 62 hervor, wobei sich auch zeigt, dass möglichst geringe Cr-Gehalte vorteilhafter sind (Eisen 1 und 5).

Durch Zusatz von 0,7 % Mo zu einem hochgekohlten Gusseisen mit Lamellengraphit für Scheibenbremsen mit 3,75%C, 1,7 %Si, 0,8 % Mn, 0,035%P, 0,069%S, 0,20%Cr, 0,12%Ni und 0,25 %Cu konnte R.B. Gundlach[195] die Lastwechselanzahl bis zum Auftreten thermischer Ermüdungsrisse verdoppeln. Die Zugfestigkeit des Eisens im 30 mm Ø-Stab wurde durch den Legierungseinfluss des Mo von 145 auf 205 N/mm^2 erhöht.

Ein ungünstiger Einfluss von 0,4 % Cr auf die Rissempfindlichkeit eines GGL mit 3,3 % C, 2,1 %Si und 0,7 % Mn wird auch von J.E. Bevan[196] berichtet. Durch zusätzliches Legieren mit

0,7 % Ni und 0,7 % Cu konnte dieser Nachteil (offenbar durch Kompensation der karbidstabilisierenden Wirkung des Chroms durch den graphitisierenden Einfluss von Ni+Cu) verringert werden.

In einer französischen Arbeit[138] wird folgendes Gusseisen mit Lamellengraphit als besonders thermoschockbeständig empfohlen:

% C	3,5 - 3,8
% Si	1,3 - 2,0
% Mn	0,6 - 1,0
% P	< 0,12
% Cr	0,3 - 0,6
% Ni	1,5 - 2,0
% Mo	0,7 - 0,9

Eine Reihe von Untersuchungen bezieht sich auf Bremstrommelgusseisen, das ebenfalls besonders temperaturwechselbeständig sein muss.

H. Braun u. Mitarb.[18] erreichten durch Steigerung des C-Gehaltes von 3,2 auf 3,8 % bei 2,1 % Si und 0,8 % Mn eine erhebliche Verbesserung der Temperaturwechselbeständigkeit. Bei Zusatz von 0,3 % Cr oder 0,9 % Mo oder 0,8 % Cu konnten sie keinen erkennbaren Einfluss auf die Rissbildung nachweisen.

Dagegen empfehlen A.V. Cicinadze u. Mitarb.[152] ein GGL mit 3,8 % C mit Cr, Mo und Cu, wobei V.I. Kantorovic und Mitarb.[191] hierfür folgende Werte nennen:

% C	% Si	% Mn	% Cr	% Cu	% Mo
3,8	2,0	0,7	0,6	1,2	0,5

Eine Reihe von typischen Zusammensetzungen und Eigenschaften von Bremstrommelwerkstoffen finden sich auch in den Tafeln 63a bis c[139], wobei bei höchsten thermischen Beanspruchungen ebenfalls hohe C-Gehalte bevorzugt werden.

Hoher Kohlenstoffgehalt in Form von Graphit wirkt sich auch bei Gusseisen mit Kugelgraphit, wenn auch nicht so deutlich wie bei Gusseisen mit Lamellengraphit, günstig auf das Temperaturwechselverhalten aus. So geben K.H. Kirgin u. H. Kempers[98)] an, dass durch hohen Kohlenstoff- und niedrigen Si-Gehalt die Brandrissbildung von Bremstrommeln aus GGG 42/50 verringert werden kann.

V. Zubac[149)] konnte durch steigende C-Gehalte von 3,5 bis 3,8 % das Thermoschockverhalten von ferritischem Gusseisen mit Kugelgraphit wesentlich verbessern.

Die Erhöhung des Kohlenstoffgehaltes ist jedoch auch bei Gusseisen mit Kugelgraphit begrenzt, da bei Überschreiten der eutektischen Zusammensetzung je nach Gussstückwanddicke Kugelgraphitflotation und Entartungsformen des Kugelgraphits auftreten[247)], die zu einer starken Verminderung der mechanischen Eigenschaften führen können. Die maximal möglichen Kohlenstoff-Silicium-Kombinationen zur Erzielung noch guter Graphitausbildung sind für die verschiedenen Gussstückwanddicken aus Bild 211 abzulesen.

Es ist anzunehmen, dass auch bei Gusseisen mit Vermiculargraphit ähnliche Verhältnisse vorliegen. Diesbezügliche Untersuchungen sind noch nicht bekannt geworden.

5 Kritische Betrachtung gebräuchlicher Qualitätsbewertungskennzahlen als Kriterien für die Werkstoffauswahl

Während für die Bemessung von rein mechanisch beanspruchten Bauteilen die im Abschnitt 4.2 besprochenen mechanischen Eigenschaftskennwerte unmittelbar verwendbar sind, gibt es zur Charakterisierung der thermischen Belastbarkeit keine einfach zu bestimmenden Kenngrössen. Die bei der thermischen Ermüdung auftretenden Zusammenhänge sind äusserst kompliziert. Das Zusammenwirken nahezu aller Werkstoffeigenschaften (vgl. Abschnitte 3 und 4.4) macht es unmöglich, das Verhalten bei Wärmebeanspruchung durch einen einfachen Kennwert auszudrücken. Um die thermische Belastbarkeit verschiedener Werkstoffe wenigstens qualitativ bzw. halbquantitativ abschätzen zu können, hat man versucht, aus den bei der thermischen Ermüdung am meisten beteiligten Werkstoffeigenschaften Komplexfaktoren zu bilden, um auf Grund der so erhaltenen Zahlenwerte im Zusammenhang mit praktischen Erfahrungen Werkstoffbewertungen vornehmen zu können. Für einen einfachen Qualitätsfaktor wurde z.B. von G. Bierwirth[212] für die betriebseigene Abnahmeprüfung von thermisch hochbeanspruchten Zylinderkopfgrauguss für PKW-Dieselmotoren (Eisen 15 nach Tafel 63a) mit einer Zugfestigkeit von 220 N/mm^2, einer Biegewechselfestigkeit von 90 - 100 N/mm^2 und einer Brinellhärte von 180 bis 190 HB, die zusätzliche Forderung

$$\sigma_{zB}/E_{10} \sim 3.10^{-3}$$

aufgestellt, d.h. der E-Modul (Sekantenmodul) bei 10 kp/mm^2 Zugbeanspruchung soll möglichst niedrig sein und um 73 kN/mm^2 liegen, damit eine hohe elastische Dehnfähigkeit gewährleistet ist und die Wärmedehnungen elastisch und damit reversibel erfolgen können. Diese Beziehung gilt jedoch nur für die genannte Eisenqualität, weil das elastische Dehnverhalten qualitätsabhängig ist.

In seiner klassischen Arbeit über Wärmespannungen in Verbrennungsmotoren leitete G. Eichelberg[251)] schon im Jahre 1923 Qualitätsfaktoren für Werkstoffvergleiche ab, wobei er folgende Komplexbeziehungen angab:

für stationäre Wärmespannungen

$$\frac{(1 - \gamma) . \lambda}{\alpha . E}$$

für periodisch wechselnde Wärmespannungen

$$\frac{(1 - \gamma) \sqrt{\lambda . \rho . c}}{\alpha . E}$$

γ = Poisson-Zahl
λ = Wärmeleitfähigkeit
α = lineare Wärmeausdehnung
E = E-Modul
ρ = Dichte
c = spezifische Wärme

Wie aus Abschnitt 3 hervorgeht, kommt den stationären Wärmespannungen die grössere Bedeutung zu, weshalb die zweite Beziehung mit einer Ausnahme[117) 211)] kaum mehr Verwendung fand, während der für stationäre Wärmespannungen angegebene Faktor im Motorenschrifttum weltweit Eingang gefunden hat und in verschieden modifizierten Formen auch heute noch gebräuchlich ist.

S.G. Baker u. J.A. Pope[117) 211)] erweiterten diese Wärmespannungsfaktoren um die mechanische Festigkeit, um ein Mass für die Belastbarkeit eines Werkstoffes zu erhalten. Die so von ihnen ermittelten modifizierten Qualitätsfaktoren sind für einige Gusseisen mit Lamellengraphit der Tafel 16 in Bild 212a,b dargestellt. Nach dieser Bewertung müssten die Gusseisen V, E und R, vorwiegend mit hoher Festigkeit und niedrigem C-Gehalt,

die beste thermische Belastbarkeit aufweisen, was jedoch mit neueren Untersuchungen [8] [68] [148] und praktischen Erfahrungen[76] [106] in Widerspruch steht.
Da sich die Poisson-Zahl bei Gusseisenwerkstoffen kaum ändert, wurde sie meist weggelassen. Pitchford u. Mitarb.[12] nannten das Produkt aus Wärmeausdehnung α und Elastizitätsmodul E, geteilt durch die Wärmeleitfähigkeit λ , den thermischen Spannungsfaktor

$$x_{th} = \frac{\alpha \cdot E}{\lambda}$$

und sahen darin ein Mass für die in einem thermisch beanspruchten Material auftretenden Wärmespannungen. Das Verhältnis Zugfestigkeit zu diesem Quotienten wurde als Mass für die thermische Belastbarkeit herangezogen. Ein auf dieser Basis vorgenommener Werkstoffvergleich von Zylinderkopfmaterialien[6] [104] zeigt Bild 213. Daraus folgt, dass Gusseisen mit Kugelgraphit (Nodular Cast Iron) dem Gusseisen mit Lamellengraphit (Cast Iron) eindeutig unterlegen ist, woraus H.-J. Franke[6] schliesst, dass nur bei dominierender mechanischer Beanspruchung Gusseisen mit Kugelgraphit einem normalen Grauguss vorzuziehen ist, was mit anderen Untersuchungsergebnissen[8] [68] [148] und praktischen Erfahrungen übereinstimmt[76] [79] [96] [103] [106].

M. Röhrle[144] wandte diesen modifizierten thermischen Spannungsfaktor x_{th} zur Abschätzung der Rissempfindlichkeit von Leichtmetall-Kolbenlegierungen an und stellte fest, dass eine Differenzierung der Werkstoffe bei kleinen Unterschieden von E-Modul, Wärmeausdehnung und Wärmeleitfähigkeit bei der oberen Versuchstemperatur kaum möglich und die sich ergebende Dimension wenig deutbar ist. Trotzdem gesteht M. Röhrle diesem thermischen Spannungsfaktor eine tendenzmässige Abschätzung der Rissneigung eines Werkstoffes aus den bekannten Werkstoffdaten zu, allerdings beschränkt auf eine vergleichende qualitative Betrachtung unter gleichzeitiger Berücksichtigung der

Bruchdehnung.

Auch R. Maciotta[94)] und F. Kaden[245)] stellten fest, dass die thermischen Spannungen bei gleicher Temperaturbelastung in Gusseisen mit Kugelgraphit erheblich höher sind als in Gusseisen mit Lamellengraphit, zogen aber die Schlussfolgerung, dass diese grösseren Spannungen von der höheren Zugfestigkeit des Gusseisens mit Kugelgraphit aufgenommen werden können. Diese Voraussetzung kann nur für einmalige Überbelastung gelten. Bei mehrmaligen Temperaturwechseln wird der Werkstoff schon beim Überschreiten der Warmstreckgrenze plastisch gestaucht, was bei Gusseisen mit Kugelgraphit früher der Fall ist als bei GGL, weshalb bei duktilen Werkstoffen nicht die Zugfestigkeit, sondern die Streckgrenze für die Materialbewertung herangezogen werden muss (vgl. Abschnitt 4.4).

V.P. Devyatkin u. Mitarb.[61)] untersuchten den Einfluss der Graphitlamellengröbe auf das Temperaturwechselverhalten mit Hilfe der Beziehung

$$\frac{\sigma_{zB} \cdot \lambda}{\alpha \cdot E}$$

und schlossen aus der Darstellung in Bild 214, dass Gusseisen mit feinerer Graphitausbildung eine bessere thermische Beständigkeit aufweist. Nach den experimentellen Untersuchungen von T. Namai[148)] (vgl. Bilder 207, 208 und 210) ist aber eher das Gegenteil zu erwarten.
G.W. Morland stellte in der Diskussion zur Arbeit von A. Dearden (s. bes. S. 201)[106)] fest, dass der Qualitätsfaktor nach Eichelberg den praktischen Erfordernissen nicht genügt, weshalb er folgende Erweiterung vorschlägt:

Zunächst werden für eine einseitig erwärmte ebene Platte, deren Biegung vollständig verhindert wird, die thermischen

Spannungen nach der in Tafel 54 bereits erläuterten Beziehung errechnet, wobei Morland die Temperaturdifferenz zwischen den beiden Plattenseiten nicht als bekannt voraussetzt, sondern aus den Werkstoffparametern ableitet. Die Wärmespannung ergibt sich dann zu

$$\sigma_{th} = \frac{\alpha \cdot E}{2\,(1-\nu)} \cdot \frac{Q \cdot d}{\lambda} \qquad \text{(a)}$$

worin

$$Q = \frac{T_g - T_w}{1/\alpha_g + d/\lambda + 1/\alpha_w} \qquad \text{(b)}$$

α = Wärmeausdehnungskoeffizient
E = E-Modul
ν = Poisson-Zahl
λ = Wärmeleitfähigkeit
d = Wanddicke
T_g = Gastemperatur
T_w = Kühlwassertemperatur
α_g = Wärmeübergangszahl Gas-Metall
α_w = Wärmeübergangszahl Metall-Wasser

Wird nun Formel (b) in (a) eingesetzt, so ergibt sich für die thermische Spannung:

$$\sigma_{th} = \frac{\alpha \cdot E\,(T_g - T_w)}{2\,(1-\nu)\left[1 + \lambda/_d\,(1/\alpha_g + 1/\alpha_w)\right]} \qquad \text{(c)}$$

Durch Einsetzen typischer Werte für T_g, T_w, α_g, α_w und α , deren Zahlenwerte leider nicht genannt sind, erhält Morland die vereinfachte Beziehung

$$\sigma_{th} = \frac{800 \cdot E}{(1-\nu)\,(1+0{,}03\,\lambda/d)} \qquad \text{(d)}$$

aus der die Wärmespannungen durch Einsetzen der Werkstoffkennzahlen für E und λ bei einer mittleren Temperatur T_m von

$$T_m = \frac{3,46 + 900\ d/\lambda}{0,03 + d/\lambda} \qquad (e)$$

errechnet werden können.

Nun schlägt G.W. Morland die Einführung von Anpassungsfaktoren a_{Kr}, a_{zB} und $_{DW}$ in folgender Weise vor:

$$\sigma_{Kr} = a_{Kr} \cdot \sigma_{th}$$

$$\sigma_{zB} = a_{zB} \cdot \sigma_{th}$$

$$\sigma_{DW} = a_{DW} \cdot \sigma_{th}$$

Es bedeuten:

σ_{Kr} = Kriechfestigkeit bei einer bestimmten Belastung und bei der Temperatur T_m

σ_{zB} = Zugfestigkeit bei RT

σ_{DW} = Dauerwechselfestigkeit bei der Temperatur T_m

Dabei sollen diese Werte σ_{Kr}, σ_{zB} und σ_{DW} die Werkstoffkennwerte eines Zylinderdeckels mit der Wanddicke d sein, der im Betrieb gerissen ist. Die Faktoren a_{Kr}, a_{zB} und a_{DW} wären dann als Anpassungsfaktoren aufzufassen, die mit der theoretischen Wärmespannung σ_{th} multipliziert die Kriechfestigkeit, Zugfestigkeit bzw. Dauerwechselfestigkeit ergeben, wobei die Annahme zugrunde gelegt wird, dass der Ausfall des betrachteten Zylinderdeckels allein auf Kriechen bzw. auf zu hohe Abkühlungsspannungen (Restzugspannungen) bzw. auf Ermüdung zurückzuführen sei.
Diese empirisch ermittelten Faktoren berücksichtigen damit in der Praxis auftretende Abweichungen der Spannungs- und Temperaturverhältnisse sowie der Wärmeübergangszahlen gegenüber den in der theoretischen Beziehung (d) enthaltenen

Werten.

Mit Hilfe dieser Faktoren könnte nun nach Vorstellung Morlands ein anderer Werkstoff mit dem,der im Betrieb versagt hat, im Hinblick auf die genannten drei Ausfallsursachen verglichen werden, indem folgende Grössen bestimmt werden:

$$(1- \frac{a_{Kr} \cdot \sigma_{th1}}{\sigma_{Kr}}) , (1- \frac{a_{zB} \cdot \sigma_{th1}}{\sigma_{zB1}}) \text{ und } (1- \frac{a_{DW} \cdot \sigma_{th1}}{\sigma_{DW1}}) ,$$

worin σ_{Kr1}, σ_{zB1} und σ_{DW1} die entsprechenden Eigenschaftswerte des neuen Werkstoffes sind.

Sind nun die Zahlenwerte dieser drei Ausdrücke für den neuen Werkstoff bei gleicher Wanddicke grösser als Null, dann kann mit Sicherheit angenommen werden, dass der neue Werkstoff gegenüber dem Ausgangswerkstoff eine Verbesserung darstellt.

Morland weist darauf hin, dass bei der Ermittlung der a-Faktoren besonders auf möglichst genaue Werte von T_g und α_g geachtet werden sollte, wogegen T_w und α_w weniger Einfluss haben.

Als Beispiele werden von G.W. Morland nachstehende Werkstoffe auf Basis der genannten Faktoren verglichen, wobei unlegiertes Gusseisen mit Lamellengraphit mit einer Zugfestigkeit von 260 N/mm^2 als Bezugswerkstoff verwendet wurde:

Werkstoff	$(\frac{a_{Kr} \cdot \sigma_{th}}{\sigma_{Kr}} -1)$	$(\frac{a_{zB} \cdot \sigma_{th}}{\sigma_{zB}} -1)$	$(\frac{a_{DW} \cdot \sigma_{th}}{\sigma_{DW}} -1)$
unleg.GGL (260 N/mm^2)	0	0	0
Ni-Mo-leg.GGL (310 N/mm^2)	+ 0,445	+ 0,194	- 0,011
ferrit. GGG	- 0,597	+ 0,162	- 0,075

Danach wäre Ni-Mo-leg. GGL 30 einem unlegierten GGL 26 zwar hinsichtlich Kriechneigung und Festigkeit überlegen, aber bezüglich Ermüdung unterlegen. Ferritisches GGG weist zusätzlich ein schlechteres Kriechverhalten auf. Leider werden die für die Berechnung dieser Faktoren zugrunde gelegten Werkstoffeigenschaftswerte, die Temperatur und die Wanddicke nicht angegeben. Morland meint, dass die von ihm vorgeschlagenen Kriterien zwar nicht in der Lage seien, Motorlaufversuche zu ersparen, dass aber doch mit Hilfe dieser Faktoren eine qualitative Vorauswahl geeigneter Werkstoffe möglich wäre.

R. Bertodo[107] nahm ebenfalls kritisch zur Brauchbarkeit des Eichelbergfaktors $(1-\nu).\lambda/\alpha.E$ Stellung. Da sich α und ν für Gusseisen nur wenig ändern und auch E-Modul und Wärmeleitfähigkeit in gewisser Weise zusammenhängen - bei Steigerung des Graphitgehaltes sinkt der E-Modul und die Wärmeleitfähigkeit steigt - könnte nach Bertodo der Eichelbergfaktor auf 1/E reduziert werden, ohne an seiner bisherigen Aussagekraft zu verlieren. Weil aber die Vorgänge bei der thermischen Ermüdung nicht durch den E-Modul allein bestimmt sind, schlägt R. Bertodo eine Erweiterung dieses Faktors in folgender Weise vor:

$$Q = \frac{\sigma_{B,T} \cdot \sigma_{S,T}}{E \cdot HB}$$

Die Zugfestigkeit $\sigma_{B,T}$ wird als Mass für die der Zugfestigkeit proportionale Dauerfestigkeit bei der entsprechenden Temperatur herangezogen. $\sigma_{S,T}$ bedeutet die Warmstreckgrenze unter Druck, die zur Berücksichtigung des Kriechverhaltens im stationären Belastungszustand dienen soll. Da die thermische Ermüdung durch die Start-Stop-Zyklen im Zeitfestigkeitsbereich abläuft, in dem die Verformungsamplitude ausschlaggebend ist, wurde als Indikator für die Zähigkeit die Brinellhärte in die Formel aufgenommen, weil bei gegebener Zugfestigkeit eine niedrigere Härte (d.h. hoher Zugfestigkeits-Härte-Quotient[10)67)139)] auf ein zäheres Grundgefüge hinweist.

Mit Hilfe dieses Qualitätsfaktors verglich R. Bertodo eine Reihe von ihm untersuchter Gusseisen, die in Tafel 64 enthalten sind. Dabei wurde zunächst der Qualitätsfaktor Q für das unlegierte Gusseisen GG 25 ermittelt und gleich 1 gesetzt. Hierauf wurden für alle anderen Eisen die Q-Werte errechnet und auf den Wert von GG 25 bezogen. Die so erhaltenen relativen Qualitätsfaktoren Q_R sind in Tafel 64, letzte Spalte, aufgeführt. Erwartungsgemäss schneiden dabei die molybdänlegierten Eisen 7 bis 11 am günstigsten ab. Die hier untersuchten hochfesten Gusseisen weisen jedoch alle sehr niedrige Kohlenstoffgehalte von 3,0 bis 3,15 % auf und sind nach Abschnitt 4.4 hinsichtlich ihres Thermoschockverhaltens Gusseisen mit höheren C-Gehalten unterlegen. Ein diesbezüglicher Vergleich mit höher gekohlten Gusseisen anhand des Qualitätsfaktors nach R.Bertodo ist jedoch nicht durchführbar, weil bei allen anderen Untersuchungen keine Warmstreckgrenzenwerte unter Druckbeanspruchung vorliegen.

Auch E. Nechtelberger überprüfte die Aussagekraft des den Wärmespannungen proportionalen thermischen Spannungsfaktors $x_{th} = \alpha \cdot E/\lambda$ und des modifizierten Eichelbergfaktors $EF = \sigma_B \cdot \lambda / \alpha . E$ an einer Reihe von Zylinderkopfgusseisen mit Lamellengraphit (Bild 215 a,b) sowie an ferritischem GGV und ferritischem GGG (Tafel 65) durch Vergleich mit den Ergebnissen praktischer Thermoschockversuche (vgl. auch Abschnitt 4.4, Bild 197).
Die Zusammensetzung der GGL-Sorten ist aus Tafel 10 zu ersehen, die Zusammensetzung von GGV und GGG ist in Tafel 60 angegeben. Die Eigenschaften der GGL-Sorten sind den Bildern 26, 45, 156 und 164 entnommen.

Bild 215a macht deutlich, dass bei sonst gleichen Bedingungen die zu erwartenden Wärmespannungen in hochfesten, niedriggekohlten Gusseisen mit Lamellengraphit infolge des höheren E-Moduls und der geringeren Wärmeleitfähigkeit dieser Eisen bedeutend höher sind. Setzt man den thermischen Spannungsfaktor zur Zugfestigkeit ins Verhältnis, um eine Reihung hinsichtlich der thermischen Belastbarkeit abzuleiten, wie dies in Bild 215b gezeigt ist, so müssten sowohl bei hohen als auch bei niedrigen C-Gehalten die Cr-Mo- und Cr-Ni-Mo-legierten Graugusssorten am besten abschneiden, wobei die höherfesten Gusseisen mit niedrigem Kohlenstoffgehalt insgesamt etwas höhere Bewertungsfaktoren aufweisen. Vergleicht man diese Ergebnisse mit den Resultaten der Thermoschockversuche nach Bild 197, so erkennt man, dass eine Übereinstimmung nur insoferne vorliegt, als die Gusseisen mit hohem Kohlenstoffgehalt und niedrigen Spannungsfaktoren das günstigste Thermoschockverhalten aufweisen. Darüber hinaus ist aber eine genauere Differenzierung und Bewertung der thermischen Belastbarkeit hinsichtlich Rissbildungsneigung mit Hilfe dieser Faktoren innerhalb der Werkstoffgruppe Gusseisen mit Lamellengraphit nicht möglich, worauf auch andere Forscher[106) 107)] hingewiesen haben.

Mit Hilfe der genannten Bewertungsfaktoren kann bestenfalls ein tendenzmässiger grober Vergleich unterschiedlicher Werkstoffgruppen, wie z.B. von GGL, GGV und GGG vorgenommen werden[68)126)]. Tafel 65 bringt ein Beispiel, aus dem hervorgeht, dass bei den GGL-Sorten mit niedrigstem Spannungsfaktor und höchstem Qualitätsfaktor insgesamt die höchste, von GGG die niedrigste thermische Belastbarkeit zu erwarten ist. GGV liegt dazwischen. Diese qualitative Reihung stimmt mit dem praktischen Thermoschockverhalten (vgl. Abschnitt 4.4) überein.

Die verhältnismässig schlechte Übereinstimmung aller dieser Qualitätsfaktoren mit den praktischen Thermoschockversuchen und den Betriebserfahrungen liegt darin begründet, dass die den Qualitätsfaktoren zugrunde gelegten Beziehungen nur für den elastischen Bereich gelten und aus statisch ermittelten

Werkstoffkenngrössen zusammengesetzt sind. Thermische Ermüdung tritt jedoch nicht im elastischen Verformungsbereich auf, sondern erst dann, wenn die Wärmespannungen so hoch werden, dass durch Überschreiten der Warmstreckgrenzen plastische Verformungsanteile hinzukommen. In eine vergleichende Qualitätsbeurteilung müsste daher die Fähigkeit des Werkstoffes, Wechseldehnungen zu ertragen, miteinbezogen werden.

Soll ein Werkstoff hohe Temperaturwechselbeständigkeit besitzen, so muss er neben einer hohen Dauerwechselfestigkeit auch eine möglichst hohe Dauerdehnfähigkeit im Temperaturbereich bis 400°C aufweisen.
Die Überlegenheit der Gusseisen mit Lamellengraphit gegenüber den Gusseisen mit Kugelgraphit ist vor allem darauf zurückzuführen, dass die Warmstreckgrenze für Druckbeanspruchung bei den GGL-Werkstoffen bei höheren Temperaturen liegt und daher plastische Stauchung erst später auftritt. Ausserdem sind bei GGL infolge des niedrigeren E-Moduls die auftretenden Wärmespannungen geringer und der elastische (reversible) Dehnungsanteil ist bei gleicher Gesamtdehnungsschwingbreite grösser. Systematische Vergleichsuntersuchungen der von den verschiedenen Werkstoffen ertragbaren Wechselverformungsamplituden in Abhängigkeit von der Last- bzw. Temperaturwechselzahl konnten im Schrifttum nicht gefunden werden.

6 Oberflächenbehandlungsverfahren zur Erhöhung der thermischen Beständigkeit von Zylinderdeckeln

Nach Berichten von B. Finnern[201][207][252] zufolge kann die Stegrissbildung in thermisch besonders hochbeanspruchten Dieselzylinderköpfen durch eine Nitrierbehandlung im Salzbad verhindert bzw. ihr Auftreten zu weitaus längeren Betriebszeiten hin verschoben werden. Die Fa. Borgward hat früher ca. 70.000 Kraftfahrzeug-Zylinderköpfe einer Nitrierbehandlung unterzogen und damit diese Stegrisse, die insbesondere in bergigen Gegenden vorkamen, vermeiden können. Heute werden nitrierte Zylinderköpfe noch von Perkins und IHC (vgl. Bild 216) sowie z.T. auch von KHD eingebaut[252]. Erfahrungsberichte liegen im Schrifttum nicht vor.

Die Verminderung der Rissbildungsneigung wird damit erklärt, dass durch die Nitrierbehandlung ein Teil der angeschnittenen, an die Oberfläche austretenden Graphitlamellen zunitriert und ausserdem durch die Ausbildung der Nitrierschicht die Warmfestigkeit erhöht wird[252].

Eine gut ausgebildete Nitrierschicht erhöht auch die Dauerwechselfestigkeit der Gusseisenwerkstoffe um 12[176] bis 20%[23] (vgl. Bild 217).

Diese Dauerfestigkeitssteigerung kann nach den Erfahrungen von H. Figge[176] aber nur dann erreicht werden, wenn das Gusseisen vor dem Nitrieren einer Oberflächenbehandlung zur Entgraphitisierung unterzogen wird. Ist dies nicht der Fall, dann behindert der freie Kohlenstoff das Eindringen des Stickstoffs entlang der Graphitlamellen und damit die Bildung der Verbindungsschicht sehr stark. Eine Reinigung und Entgraphitisierung der Oberfläche erfolgt nach dem Kolene-E-Verfahren[x] [176][207][253]. Bei diesem Verfahren werden die Gussteile in einer Salzschmelze bei etwa 550°C elektrolytisch gereinigt, wobei die an die Oberfläche dringenden Graphitteilchen entfernt werden. Beim nachfolgenden Nitrieren kann nun eine Umschliessung der Graphithohlräume mit einer Verbindungsschicht erfolgen (Bild 218), wodurch eine Steigerung der Dauerwechselfestigkeit eintritt. Es ist jedoch nach wie vor eine starke innere Kerbwirkung vorhanden, die eine Erhöhung über das oben angeführte Mass hinaus nicht zulässt[176].

---

x) Kolene-Verfahren. Lizenz für Dänemark, Deutschland, Holland, Österreich und die Schweiz bei Degussa, Abtgl. Durferrit, Gutleutstr. 215, D-6 Frankfurt/Main.

Neben der Verringerung der Rissbildungsneigung wird durch das Nitrieren gleichzeitig auch die Verschleissfestigkeit der Ventilsitze verbessert[207] sowie die Ablagerung von Kesselstein im Wasserraum weitgehend verhindert[252], was eine Intensivierung der Kühlwirkung und damit geringere Stegtemperaturen bewirkt. Auch ein gewisser Korrosionsschutz wird erzielt.

Nach Erfahrungen von C.C.J. French[119] (vgl. auch Diskussion zu [106], S. 197) kann bei Zylinderköpfen aus Gusseisen mit Lamellengraphit bei ungünstiger Ausbildung der Gusshaut, vorwiegend bei ungeimpftem Eisen, in den Kühlkanälen eine "thermische Barriere" auftreten, die eine erhebliche Verschlechterung der Kühlung verursachen kann. Durch Entfernung dieser schlecht wärmeleitenden Gusshaut von 0,5 mm Stärke durch mechanische Bearbeitung konnte in der heissesten Zone eine Temperaturerniedrigung von ca. 100°C bei Vollastbetrieb erreicht werden. In den meisten Fällen ist jedoch eine Bearbeitung der Kühlkanäle wegen Unzugänglichkeit unmöglich.

Auch C.A. Beard[79] konnte bei ungeimpftem Gusseisen mit Lamellengraphit diese thermische Barriere an der Gusshaut feststellen. Gegenüber Gusseisen mit normaler Gusshautausbildung gibt er eine Temperatursteigerung durch die Verschlechterung der Wärmeleitfähigkeit um 30 - 40°C an.

In den oft sehr engen Kanälen anhaftende Formsandreste, manchmal in Verbindung mit Metallpenetration und Blattrippenbildung, können die Kühlwirkung sehr stark behindern oder komplett blockieren[103]. In solchen Fällen kann das Kolene-Salzbad-Reinigungsverfahren Abhilfe schaffen, soferne die Kosten wirtschaftlich vertretbar sind. Besser ist es, die Gefahr des Auftretens derartiger Fehler durch konstruktive Massnahmen zur Vermeidung zu enger Kühlkanäle und zu scharfer Übergangsradien (Sandkanteneffekt) nach Möglichkeit zu vermeiden.

A. Dearden[106] hat bereits im Jahre 1962 auf die Möglichkeit hingewiesen, das Flammspritzen oxidkeramischer Schutzschichten zur Verbesserung der Temperaturwechselbeständigkeit und zur Wärmedämmung auf der brennraumseitigen Zylinderkopfoberfläche zu erproben. Mittlerweile wird diese Technik durch Entwicklung der Plasmaspritzverfahren[254] bereits zum Oberflächenschutz von Gasturbinenschaufeln[204] u.a. industriell eingesetzt, wobei die Betriebstemperaturen z.T. erheblich über 700°C liegen. Bei den vergleichsweise niedrigen Zylinderkopftemperaturen unter 400°C müssten sich oxidkeramische Schutzschichten mindestens ebensogut bewähren. Voraussetzung ist, dass ein geeignetes oxidkeramisches Material gefunden wird, dessen Haftfestigkeit auf dem Grundwerkstoff Gusseisen ausreicht, um die mechanischen und thermischen Beanspruchungen ohne Abplatzen der Schicht mitzumachen. Dabei muss der Wärmeausdehnungskoeffizient der Schutzschicht soweit mit jenem des Grundmaterials übereinstimmen, dass bei den Temperaturänderungen durch Anfahren oder Abstellen der Maschine keine nicht abbaubaren Spannungen und Risse in der Schicht selbst und im Übergang zum Grundmaterial entstehen. Neben einer gewissen Wärmeisolation wäre von einer derartigen Schutzschichte eine Versiegelung der bis an die Oberfläche durchtretenden Graphitlamellen, die ja die Ausgangsstellen für die thermischen Risse sind, zu erreichen, wodurch, wie bei der Nitrierbehandlung, eine Vermeidung von Stegrissen bzw. eine Verschiebung ihres Auftretens zu weitaus längeren Betriebszeiten erwartet werden könnte.

Ein Hinweis auf erste industrielle Erprobungen von Oberflächenbeschichtungen an Zylinderdeckeln, Ventildeckeln u.a. Teilen findet sich in [205]. Nähere Informationen konnten bisher nicht erhalten werden.
Oberflächenbeschichtungsversuche nach verschiedenen Verfahren zur Erhöhung der thermischen Beständigkeit von Kokillenguss-

eisen werden auch in der Sowjetunion durchgeführt[255].

7 Konstruktive und kühlungstechnische Möglichkeiten zur Verringerung der thermischen Beanspruchung

Mit zunehmender Leistungssteigerung der Motoren steigt natürlich auch die Temperaturbelastung am Zylinderdeckel (z.B. Bild 219). Wie aus den vorangegangenen Abschnitten hervorgeht, haben jedoch die Werkstoffe eine natürliche Temperaturgrenze, bei deren Überschreitung die Materialien nach einer von der Belastungsart und -höhe sowie von der Temperaturhöhe abhängigen Zeit durch thermische Ermüdung versagen. Diese Grenztemperaturen liegen bei Gusseisen mit Lamellengraphit bei etwa 350°C, bei Gusseisen mit Kugelgraphit bei etwa 300°C. Oberhalb dieser Temperaturen ist bei Druckbelastung infolge Wärmedehnung mit Hochtemperaturkriechen in Abhängigkeit von der Belastungshöhe und -zeit zu rechnen, was die thermischen Restzugspannungen beim Abkühlen nach jedem Temperaturwechsel erhöht und schliesslich zur Rissbildung führt. Nach den Erfahrungen der Praxis [79][103][104][106] liegt die Grenztemperatur für das Auftreten von Stegrissen bei Gusseisen mit Lamellengraphit bei etwa 370 bis 380°C. Eine schematische Darstellung der Einflussfaktoren auf die Oberflächentemperatur gibt Bild 220.

Gusseisen mit Kugelgraphit ist empfindlicher gegen hohe Temperaturen, was auch in Abschnitt 4.4 besprochen wurde. Die praktischen Erfahrungen bestätigen dies [79][94][103][106] ebenfalls.

R. Maciotta[94] verglich Zylinderkopftemperaturen an Köpfen aus Gusseisen mit Lamellengraphit und aus Gusseisen mit Kugelgraphit gleicher Konstruktion und erhielt infolge der schlechteren Wärmeleitfähigkeit des GGG einen Anstieg der max. Temperatur von 335°C bei GGL auf 380°C bei GGG (Bild 221). Daraus geht hervor, dass eine Umstellung von GGL auf GGG nicht ohne weiteres vorgenommen werden darf, wenn nicht gleichzeitig konstruktive Massnahmen zur Kühlungsverbesserung eine Temperaturerniedrigung ermöglichen. Die Ausbildung der thermisch hochbelasteten, nahe der Brennraummitte liegenden Stegpartien entscheidet zusammen mit der Wasserführung über die Rissanfälligkeit und damit Dauerhaltbarkeit des Kopfes. Eine umfangreiche Erörterung konstruktiver Möglichkeiten gibt Ch. Irmler[1].

H. List[82] weist darauf hin, dass Zylinderköpfe mit 2 Ventilen in der Herstellung zwar einfacher und billiger sind, die Anordnung von 4 Ventilen jedoch wegen der regelmässigen Form höhere thermische Belastbarkeit mit sich bringt, weil die Mittellage der Düse eine optimale Gestaltung des Brennraumes ermöglicht.

Um die thermische Belastung gering zu halten und eine Senkung der max. Temperatur zu erreichen, müssen die Brennraumböden so dünn wie eben möglich ausgeführt werden,[1][79][80][82][89][90][103][104][105][106][141][256], damit eine wirksame Kühlungsverbesserung erzielt wird. Schon geringfügige Temperatursenkungen von z.B. 20°C können eine deutliche Lebensdauerverbesserung bringen[106].

Bild 222 zeigt den Einfluss der Brennraumbodendicke auf die Lebensdauer, ermittelt im praktischen Motorversuch an Zylinderköpfen aus Gusseisen mit Lamellengraphit und aus Gusseisen mit Kugelgraphit. Die mit 37 Zylinderköpfen erstellte Kurve für GGG zeigt deutlich die bereits mehrfach erörterte Unterlegenheit gegenüber GGL.

F.M. Stansfield (Diskussion zu [106], S. 196) konnte durch eine Dickenabnahme der Bodenplatte von 38 auf 25 mm eine Reduktion der thermischen Restzugspannungen um 30 - 40 % nachweisen.

Die günstige Auswirkung einer Wandstärkenverminderung des Bodens von z.B. 14,5 auf 11,5 mm auf die Temperaturverteilung geht aus den Bildern 223 a-b hervor. Hier konnte beispielsweise ein Absenken der Maximaltemperatur von 410°C auf 353°C erreicht werden.

Weitere Beispiele für eine Erniedrigung der maximalen Kopftemperaturen durch Verringerung der Bodenplattendicke u.a. konstruktive Massnahmen zeigen die Bilder 224 und 225.

Bild 224[89] stellt die Vorkammeranordnung eines PKW-Diesels dar. Die Kühlung des Bodens im Bereich des Vorkammerbrenners wird von der Vorkammerform beeinflusst. Bei den älteren Motoren war es wegen der Brennerlänge nicht möglich, das Wasser nahe heranzuführen. Durch Entwicklung eines längeren Brenners konnte eine bessere Kühlwasserführung erreicht und durch brennraumseitige Ausfräsungen die Bodendicke weiter vermindert werden.

Bild 225[90] zeigt den Zylinderkopf für einen Zweiventiler-Grossmotor mit einem Zylinderdurchmesser von 400 mm in konventioneller Ausführung (links)und nach Umkonstruktion auf thermisch höhere Beanspruchung (rechts). Die früher dicker bemessene Brennraumplatte (linkes Teilbild, untere gestrichelte Linie) wird heute so dünn wie möglich ausgeführt (rechtes Teilbild, untere gestrichelte Linie), um der abzuführenden Wärme einen kürzeren Weg zum Kühlwasserraum zu geben. Über die Ventilpfeifen wird die Brennraumplatte an einer dicken Abdeckplatte abgestützt (Bild 225 rechts, obere gestrichelte Linie). Eine empfindliche Stelle ist die Partie zwischen dem Einspritzventil und dem Ein- bzw. Auslassventil, insbesondere bei einem Zweiventilkopf. Neben einer Materialanhäufung, die einen Wärmestau hervorruft, ist diese Stelle durch die Verschraubung des Einspritzventils hochbelastet. Durch günstige Anordnung eines Wasserkanals ist es gelungen, den Wärmestau zu beseitigen und einen günstigeren Kraftfluss von der Verschraubung des Einspritzventils her zu erreichen.

Die Verringerung der Bodendicke ist natürlich nur in gewissen Grenzen möglich, weil neben der thermischen auch der mechanischen Belastung Rechnung getragen werden muss. Beide Belastungsarten führen zu gegensätzlichen Konstruktionsprinzipien, so dass ein optimaler Kompromiss angestrebt werden muss, bei dem beide Beanspruchungen innerhalb zulässiger Grenzen liegen.
Aus diesen Erkenntnissen entwickelte sich konstruktiv folgerichtig die Doppelbodenausführung mit gerade noch gegen den Zünddruck ausreichendem dünnwandigem Unterboden und steifem abstützendem Zwischenboden (vgl. Bilder 226 a, b)[80]. Der dünne Brennraumboden wird gut gekühlt, hat deshalb nur geringe Wärmedehnung und schützt den Zwischenboden vor thermischer Belastung. Dieser ist dann durch Rippen und Wände zu den seitlichen und oberen Deckelpartien druckfest abgestützt. Diese sich ergänzende Doppelfunktion des Doppelbodenprinzips hat sich bisher gut bewährt.

E.K. Brock u. A.J. Glasspoole[105] konnten die starke Rissanfälligkeit eines Zweiventil-Zylinderdeckels eines Bootsmotors, der häufigen Lastwechseln unterworfen war, durch Umstellung auf eine Zwischenbodenausführung nach Bild 227 vollständig beseitigen. Durch diese Konstruktionsänderung konnte die maximale Zylinderkopftemperatur bei einem Mitteldruck von 8,4 kp/cm^2 von 358 auf 280 $^{\circ}C$ gesenkt werden. Gleich niedrige Temperatur wurde mit einem Vierventil-Zylinderdeckel ohne Zwischenboden und bei höherem Mitteldruck von 10,5 kp/cm^2 erreicht.

Um möglichst niedrige Zylinderkopftemperaturen zu erhalten, kommt neben einer Verminderung der Bodendicke auch einer Optimierung der Strömungsverhältnisse in den Kühlkanälen besondere Bedeutung zu. Ein ungestörter Wärmeübergang verlangt eine gute Kühlwasserströmung am Boden, da besonders dort intensiv gekühlt werden muss, wo am stärksten von der Brennraumseite her geheizt wird. Im allgemeinen ist der Wärmeübergang vom Brennraum in der Zylinderkopfmitte am grössten und nimmt von dort nach aussen ab. Daher muss die Kühlwirkung um die Einspritzdüse, die ja annähernd in der Mitte liegt, besonders intensiv sein, was dadurch möglich wird, dass man das Kühlwasser zwangsläufig mit hoher Geschwindigkeit an dieser Stelle vorbeiführt. Die Bilder 228 a , b zeigen Beispiele möglicher Ausführungen[82]. Manchmal kann auch das Einsetzen von Strahlrohren (Jets) zur gezielten Kühlung mit hoher Geschwindigkeit[1][106] notwendig sein.

Voraussetzung für eine gute Kühlwirkung ist eine optimale Strömungsführung in den Kühlkanälen durch günstige Anordnung von Leitrippen. Der grosse Einfluss einer die Kühlung behindernden schlechten Rippenanordnung geht aus den Bildern 229a,b hervor. Durch die in Bild 229a ersichtlichen Änderungen der Verrippung im Wasserraum konnte, wie Bild 229b erkennen lässt, die maximale Zylinderkopftemperatur eines 10 l Fahrzeugmotors mit Abgasturboaufladung von rd. 470 auf 370°C gesenkt werden[257]. Für derartige Optimierungen der Strömungsverhältnisse sind originalgetreue, durchsichtige Zylinderkopfmodelle aus Kunstharz ein gutes Hilfsmittel für dreidimensionale Modellversuche, sofern der wirtschaftliche Aufwand vertretbar ist [89] [257].

Ein nicht unwesentlicher Einflussfaktor ist eine geeignete Kühlwasseraufbereitung, um Korrosion und Kalkablagerungen in den Kühlkanälen zu vermeiden[79][106][119][258]. Ein Korrosionsangriff verschlechtert den Wärmeübergang und vermindert die Dauerfestigkeit, ein Kesselsteinbelag verschlechtert den Wärmeübergang. A.J. Glasspoole (Disk. zu [106], S. 194) stellte durch einen Kesselsteinbelag von 2 mm Dicke bei einem Motor mit p_e = 12,6 kp/cm^2 einen Anstieg der maximalen Zylinderkopftemperatur von 300 auf 400°C fest. Derartige Ablagerungen haben katastrophale Folgen und müssen daher unbedingt verhindert werden.
Gusseisen mit Lamellengraphit ist weniger empfindlich auf ungenügende Wasseraufbereitung als Gusseisen mit Kugelgraphit[258].

Ein weitgehend idealer Inhibitor zur Kühlwasseraufbereitung sollte nach P. Borgeaud [258] folgenden Forderungen gerecht werden:

a) soll ungiftig sein
b) soll Zink nicht angreifen
c) soll seine antikorrosiven Eigenschaften in der Gegenwart von Chloriden nicht verlieren
d) soll unempfindlich sein gegen Kavitation
e) soll temperaturbeständig sein

Nicht nur die richtige Wasseraufbereitung, sondern auch ein richtiges Kühlwassersystem spielen eine wichtige Rolle. Nach praktischen Erfahrungen können gerissene Zylinderdeckel auch auf Mängel im Kühlwassersystem zurückgeführt werden, wenn beispielsweise der Kühlwasserdruck zu niedrig ist und Dampfbildung zu örtlicher Überhitzung und damit zu hohen thermischen Spannungen führt. Auch Luft im Kühlkreislauf durch fehlerhafte Entlüftungen kann den Motor gefährden[258].

Die konventionelle Form des Zylinderkopfes ist die geschlossene oder teilweise geschlossene Konstruktion in gegossener Ausführung, ohne Möglichkeit für eine Bearbeitung und dadurch ohne Möglichkeit einer perfekten Kontrolle der gekühlten Oberfläche. Die Doppelbodenausführung ist eine Weiterentwicklung dieser Form zur Beherrschung höherer thermischer Belastungen.

Aus demselben Grund wurden in letzter Zeit auch Neuentwicklungen bekannt, die von der herkömmlichen, geschlossenen Form abweichen und eine allseitige Bearbeitung ermöglichen.

Ein bei Burmeister und Wain entwickelter Zylinderdeckel[85] als "Strongback"-Konstruktion besteht aus einer massiven Platte aus Stahl oder Gusseisen, in die dicht an der Gasseite ein System von Kühlkanälen gebohrt ist. Die Konstruktion des

Deckels geht im Prinzip aus Bild 230a hervor. Die Höhe des Deckels ist im Verhältnis zum Durchmesser gering. Die radialen Kühlbohrungen liegen dicht an der Gasseite des Deckels, sodass der Temperaturabfall durch den Deckel im grossen und ganzen, wie aus Bild 230b ersichtlich, auf den Bereich zwischen Gasseite und den Kanälen konzentriert ist. Der grosse Bereich über den Kanälen bekommt eine annähernd konstante Temperatur, die nicht viel von der Mitteltemperatur des Deckels abweicht, so dass keine nennenswerten Zugspannungen infolge von Wärmebeanspruchungen auftreten. Abhängig von der Motorbelastung kann der Deckel aus Stahl oder Gusseisen hergestellt werden, wobei wegen der niedrigen Temperaturen in allen Fällen unlegierte oder nur niedriglegierte Werkstoffe zur Anwendung kommen können.
Als Vorteile dieser Konstruktion werden genannt: einfache Herstellung, Bearbeitung sämtlicher Flächen, grosse Freiheit in Bezug auf Materialwahl, geringe Bauhöhe, niedriges Temperaturniveau, kleine Zugspannungen und kleine variierende Spannungen.
Gewisse Probleme gibt es im Hinblick auf die effektive Übertragung von Kräften und durch Auftreten von Reibkorrosion.

Die beste Möglichkeit der Kühlung eines Zylinderdeckels wird nach Meinung von C.C.J. French[104)] bei Anwendung eines Zylinderkopfes mit getrennter Heizplatte erreicht, eine Ausführung, die von Ruston u. Hornsby (Brit. Pat. Spec. 977 678) entwickelt worden ist. Bild 231a,b zeigt einen solchen Zylinderkopf. Die Heizplatte (flame plate) besteht aus einer dünnen Stahlplatte, die den eigentlichen Zylinderkopf brennraumseitig schützt.
Die Heizplatte selbst ist durch Kühlkanäle (Bild 231b), die auch die Ventilsitzringe umschliessen, gut gekühlt, so dass der Zylinderkopf selbst keine thermische Beanspruchung, ausser durch die Abgaskanäle, erfährt.
Auf Grund von Modellberechnungen kommen R. Bertodo u. T.J. Carter zu dem Schluss, dass, wie Bild 232 zeigt, ein Zylinderkopf mit getrennter Heizplatte einer konventionellen Doppelbodenausführung noch überlegen ist. Als Fehlergrenze

geben sie folgenden Ausdruck an, der ≥ 1 sein muss, wenn der Zylinderkopf als geeignet angesehen wird:

$$(k' - k'' \, . \, B) \, . \, e^{-\log (q \, . p . t)} \geq 1$$

worin

B = Bohrungs-Ø in m

q = Wärmedurchgang des gegossenen Zylinderkopfes in MW/m^2

p = max. Zünddruck in MN/m^2

t = Heizplattendicke in m

k' und k" sind konstruktionsabhängige Konstante, für die nachfolgende Werte angegeben werden:

Gusseisenzylinderkopf, wassergekühlt

mit einfachem Boden:	k' =	0,08
	k" =	-0,00016
mit Doppelboden :	k' =	0,60
	k" =	-0,00180
mit getrennter Heizplatte aus Stahl En 8:	k' =	1,50
	k" =	0,00360

Über praktische Betriebserfahrungen wird leider nichts mitgeteilt. Soweit bekannt ist, machen vor allem die Dichtungsprobleme noch gewisse Schwierigkeiten und bedürfen noch weiterer Entwicklungsarbeiten.

Neben der konventionellen Kastenbauweise des geschlossenen Gusskörpers hat sich im Grossmotorbau auch die rotationssymmetrische Ausführung des geteilten Zylinderdeckels bewährt. Diese, von der Fa. Gebr. Sulzer[87) 262)] verwendete Bauart (Bild 233) ist jedoch auf 2-Takt-Motoren beschränkt. Der Zylinderdeckel ist in einen äusseren Stahlgussring und in

einen inneren Gusseiseneinsatz aufgeteilt. Der Zylinderdeckeleinsatz (Bild 234) stellt einen gegen den Verbrennungsraum umgekehrten Konus dar, der für Brennstoff-, Anlass- und Sicherheitsventil durch zylindrische Durchführungen noch versteift ist. Rechtwinklig zu den Durchführungen sind weitere Rippen angeordnet (Bild 234 Mitte), um den Konus zu stützen.
Auf Grund eingehender theoretischer und experimenteller Spannungsuntersuchungen wurde schliesslich die in Bild 234 rechts gezeigte Ausführung entwickelt, bei der die beiden äusseren Ventilpfeifen eine Einheit mit der ringförmigen Abstützung bilden. Durch diese konstruktiven Massnahmen lassen sich die brennraumseitigen Wandstärken und damit die thermischen Spannungen kleinhalten.
Derartige Gestaltoptimierungen sind heute durch den Einsatz von Computern möglich geworden[259)260)], die es gestatten, Temperatur- und Spannungsfelder von Rotationskörpern mit Hilfe Finiter-Elemente-Programme zu berechnen. Auch Rippen werden dabei als Rotationskörper mit entsprechend umgerechneten Eigenschaften mit gutem Erfolg in diese Berechnung einbezogen[87)]. Mit den meisten Programmen lassen sich sowohl mechanische als auch thermische Spannungen berechnen. Das gilt im allgemeinen meist nur unter der Voraussetzung, dass der Elastizitätsbereich nicht überschritten wird. Programme, die plastisches Verhalten oder Kriechen der Werkstoffe berücksichtigen, bestehen bereits, sind jedoch bisher erst wenig im Einsatz[259)]. Dies sicherlich auch deshalb, weil die Kenntnis der für die Berechnung erforderlichen Werkstoffkennwerte in dieser Richtung vielfach noch mangelhaft ist, was besonders auf die Gusseisenwerkstoffe zutrifft.

Die erfolgreiche Anwendung der FE-Methode zur Optimierung einer Zylinderdeckelausführung soll im folgenden kurz gezeigt werden.

Grundlage für die Berechnung der Wärmespannungen ist die Kenntnis der im Zylinderkopf herrschenden Temperaturen, d.h. es muss zunächst ein Isothermenbild aufgenommen oder berechnet werden (Bild 235). Für die rechnerische Ermittlung der Temperaturen müssen die Wärmeübergangszahlen auf der Gas- und Wasserseite als auch die massgebenden Gastemperaturen im Zylinder bekannt sein. Diese Werte können jedoch nur auf Grund von Temperaturmessungen am Motor selbst ermittelt werden, deren Durchführung nicht einfach ist[261].

Zur Berechnung selbst wird der Zylinderdeckel, wie Bild 236 links zeigt, in ein Dreiecksnetz zerlegt, wobei sich die Netzdichte dem zu erwartenden Spannungszustand anpassen lässt. Die berechneten Spannungen, aufgeteilt in die Hauptkomponenten, können dann auch zeichnerisch dargestellt werden (Bild 236 rechts), wobei die Strichlänge ein Mass für die Grösse der Spannungen in den angegebenen Richtungen darstellt. Druckspannungen sind durch ausgezogene, Zugspannungen durch punktierte Linien gekennzeichnet. Einen Vergleich zwischen errechneten und gemessenen Spannungen gibt Bild 237. Die Spannungsverläufe stimmen in ihrer Charakteristik überein. Die mit dem FE-Programm errechneten Ergebnisse kommen den mit Dehnmessstreifen ermittelten Werten sehr nahe und sind teilweise mit diesen deckungsgleich. Völlig identische Ergebnisse können nicht erwartet werden, da einerseits die Messungen an einem realen Gussstück mit gewissen Wandstärkenabweichungen durchgeführt wurden und andererseits der Berechnung Einspannbedingungen zugrunde liegen, die nur angenähert mit der Wirklichkeit übereinstimmen. Die Ergebnisse mit dem Schalenprogramm zeigen weniger gute Übereinstimmung, sind aber auch als gut zu bezeichnen. Auf diese soll hier jedoch nicht näher eingegangen werden.

Bild 238 zeigt schliesslich die Ergebnisse der Optimierungsberechnungen an einer Gegenüberstellung der Zylinderdeckelausführung des bisherigen Modelles RD 90 und der Neuentwicklung RND 90. Während die bisherige Ausführung des RD-90 Deckels brennraumseitig eine Kegelform aufweist, erhielt die verbesserte Konstruktion eine Gewölbeform. Eine Optimierung der Form und der Wanddicken (die Aussenwand wurde deutlich verstärkt) führte trotz gesteigerter Leistung von 26 % bei einer Zünddruckerhöhung von 13 % und einer Mitteldruckzunahme von 23 % zu beträchtlich reduzierten maximalen Spannungen auf rd. 76 % und zu einer Abnahme der max. Wärmedehnungen auf 88% jener Werte der alten Ausführung.

Eine ähnliche Optimierungsberechnung wurde für die in Bild 234 dargestellten Zylinderdeckeleinsätze durchgeführt, wobei hierfür das Schalenprogramm herangezogen wurde[87]. Bild 239 zeigt den Verlauf der vom Gasdruck herrührenden Schwellspannungen an der Ausgangsform des alten RD 90-Zylinderdeckeleinsatzes. Die Anlass- und Sicherheitsventilpfeifen blieben in der Berechnung unberücksichtigt, weil deren Einfluss mit einem Rechenprogramm für rotationssymmetrische Körper nicht erfasst werden kann.

Einen Vergleich der Beanspruchungen des alten Einsatzes mit jenen des neuentwickelten Typs zeigt Bild 240. Infolge der besseren Abstützung des Bodens konnten die Wechselspannungen trotz der höheren Zünddrucke von 13 % um rund 1/3 gesenkt werden. Auch die maximalen Wärmedehnungen konnten um 10 % erniedrigt werden. Da die Sicherheit noch nicht ausreichend erschien, ersetzte man das Gusseisen mit Lamellengraphit durch Gusseisen mit Kugelgraphit. Dadurch wurde einmal eine höhere Biegewechselfestigkeit erreicht, zum anderen wird festgestellt, dass sich in bezug auf das Low-Cycle-Verhalten, das bei der Beurteilung von Wärmedehnungen entscheidend ist, gezeigt hat, dass die ertragbaren Lastwechsel mindestens das 10-fache des Gusseisens mit Lamellengraphit betragen. Daraus leitet G. Wolf[87] eine 2,5 mal grössere Bruchsicherheit gegenüber den Wechselspannungen sowie eine rd. 20mal längere Lebens-

dauer des Gusseisens mit Kugelgraphit in bezug auf thermische Beanspruchung ab.
Diese Aussage widerspricht in gewissem Sinne den an konventionellen, geschlossenen, einteiligen Zylinderdeckeln aus Gusseisen mit Kugelgraphit gemachten praktischen Erfahrungen, dürfte aber mit den hier vorhandenen niedrigeren Temperaturen erklärbar sein.

Über die sich bei der Umstellung der Deckeleinsätze auf Gusseisen mit Kugelgraphit ergebenden Änderungen der max. Oberflächentemperaturen wird leider nichts mitgeteilt. Aus den Bildern 233 und 235 ist zu entnehmen, dass die maximale Temperatur am Deckeleinsatzboden in Düsennähe 300°C beträgt. Dies ist die für GGG maximal zulässige Temperaturgrenze. Bei höheren Temperaturen tritt in Abhängigkeit von Belastungszeit und Belastungshöhe infolge der Wärmespannungen plastische Verformung durch Kriechen ein und es ist zu erwarten, dass dann die Überlegenheit des Gusseisens mit Kugelgraphit gegenüber Gusseisen mit Lamellengraphit rasch verloren geht.

Ein Vorteil der rotationssymmetrischen Deckeleinsätze dürfte auch sein, dass die Wärmespannungen durch die symmetrische Form leichter beherrschbar sind als bei konventionellen kastenförmigen Zylinderköpfen.

Die mit zunehmender Leistung auch bei den 2-teiligen Deckeln rasch zunehmenden thermischen (Bild 241) und mechanischen Beanspruchungen lassen sich bei den heute erreichten Abmessungen der Motoren nicht mehr weiter senken, da nach Ansicht des Herstellers die in den Bildern 238 und 240 gezeigten Formen bereits optimale Kompromisslösungen darstellen[258]. Es muss daher auch hier nach neuartigen konstruktiven Lösungen gesucht werden, wobei als naheliegende Alternative derzeit auch ein bohrungsgekühlter einteiliger Zylinderdeckel nach Bild 242a in geschmiedeter oder gegossener Ausführung in Entwicklung steht[258].

Die bisher durchgeführten umfangreichen Dehnungsmessungen zur Feststellung der mechanischen und thermischen Spannungen lassen erkennen (Bild 242b), dass die mechanischen Spannungen des massiveren bohrungsgekühlten Deckels sehr klein sind und das Festigkeitsverhalten bedeutend erhöht ist, während hinsichtlich der thermischen Beanspruchung noch keine so grosse Verbesserung erzielt werden konnte. Diesbezügliche weitere Entwicklungsarbeiten sind noch im Fluss.

Schliesslich soll noch darauf hingewiesen werden, dass die Behandlung eines Motors mindestens ebensoviel Einfluss auf die Lebensdauer nehmen kann als manche konstruktive Verbesserung. Vor allem im Hinblick auf die thermische Belastung ist dem Start-Stop-Rhytmus besondere Beachtung zu schenken. Jede Be- und Entlastung soll nach Möglichkeit langsam erfolgen. Motoren, die häufig abgestellt und ganz abkühlen gelassen werden, sind wesentlich kopfrissanfälliger als solche, die zwar unter stark wechselnden Belastungszuständen laufen, aber selten oder nicht vollständig abgestellt werden[1)105)106)]. Auf die Schädlichkeit von Kühlschocks wurde bereits hingewiesen[1)], wobei Zylinderdeckel aus Gusseisen mit Kugelgraphit auf rasche Temperaturwechsel ganz besonders empfindlich sind.

8 Hinweise zur Giesstechnologie und auf mögliche Gussfehler bei Zylinderdeckeln

K.-H. Caspers[263)] stellte fest, dass Zylinderköpfe wegen ihrer komplizierten konstruktiven Gestaltung, ihres grossen Bearbeitungsumfanges von rd. 35 % und nicht zuletzt wegen ihrer grossen Beanspruchung im Betrieb gegenüber anderen Bauteilen als besonders ausschussanfällige Gussstücke gelten.

Neben der den gestellten Anforderungen entsprechenden Festlegung des richtigen Werkstoffes sind für den Gütegrad des Gussteiles vor allem eine giessgerechte Gestaltung und die Treffsicherheit der Gussausführung von entscheidender Bedeutung. Einflussfaktoren für eine giessgerechte Gestaltung sind möglichst geringe Wanddickenunterschiede, gleichmässige Übergänge, günstige Kernausbildung, leichtes und schnelles Einformen, gute Putzverhältnisse, niedriges Ausschussrisiko u.a.m. Hinsichtlich der Treffsicherheit der Gussausführung muss auf geringe Streubreiten der Festigkeitseigenschaften und Härte, der Abemessungen, des Gewichtes, der Oberflächenbeschaffenheit, der Zerspanbarkeit, der Dichtheit usw. geachtet werden[264]. Die mit den steigenden Anforderungen an die Motoren zwangsläufig engeren Toleranzen der Bauteile erfordern eine zunehmende Verfeinerung der Fertigungsverfahren. Durch entsprechende Zusammenarbeit von Konstrukteur und Giesser können bei der Auslegung der Konstruktion die für die spätere Fertigung in Frage kommenden günstigsten Form- und Kernherstellungsverfahren berücksichtigt werden, um die infolge der komplizierten konstruktiven Gestaltung sich ergebenden Gussspannungen von vornherein niedrig zu halten.

Besondere Aufmerksamkeit muss einer technisch und wirtschaftlich optimalen Lösung für die Teilung der komplizierten Wassermantelkerne, für die Kernentlüftungen, die Anordnung geeigneter Putzlöcher und für einen planmässigen Zusammenbau der Kerne unter Benutzung entsprechender Kontrolleinrichtungen zugewendet werden.

Eine ausführliche Besprechung der giessereitechnischen Probleme bei der Herstellung von Zylinderköpfen für Verbrennungskraftmaschinen geben z.B. H. Hertlein[9] und K.H. Caspers[264]. Während H. Hertlein[9] das Nassgusssandverfahren mit nach dem CO_2-Verfahren hergestellten Kernen behandelt, geht K.H. Caspers auf die Fertigung von Zylinderköpfen im Kernblockverfahren (Maskenform- u. Hot-Box-Verfahren) ein, das sich seit der Einführung der Kunstharzbinder gegenüber dem Nassgusssandverfahren durchgesetzt hat.

Die Herstellung von 150 kg schweren Zylinderköpfen für Schiffsdieselmotoren beschreibt in fast allen Einzelheiten eine ausführliche Arbeit von V.M.I. da Cunha und H.C. Canning[81]. Das Schwergewicht wird dabei auf die Form- und Kernherstellung gelegt, wobei die Formen aus bentonitgebundenem Sand und die Kerne sowohl aus Ölsand als auch aus CO_2-gehärtetem Sand hergestellt werden.

Die Form- und Kernherstellung für Zylinderdeckel von Grossmotoren erfolgt heute fast ausschliesslich aus selbsthärtenden kaltharzgebundenen Formsanden[128][129].

Der wichtigste Gesichtspunkt zur Erzielung dichter Gussstücke ist eine richtige Anschnitt- und Speisertechnik[130][265].

Während Gusseisen mit Vermiculargraphit unter bestimmten Voraussetzungen wie Gusseisen mit Lamellengraphit speiserlos gegossen werden kann, d.h. eine Umstellung von GGL auf GGV ohne Änderung der Modelleinrichtung sowie der Anschnittechnik vorgenommen werden kann[130], ist dies bei Umstellung auf Gusseisen mit Kugelgraphit nicht möglich. Die wesentlich höhere Lunkerneigung von GGG muss bereits bei der Modellanfertigung berücksichtigt werden. Der Abguss erfordert eine speziell an den Werkstoff angepasste Giess-, Anschnitt- und Speisertechnik, die H. Mayer u. F. Hämmerli am Beispiel eines grossen Zylinderdeckeleinsatzes für einen Schiffsdieselmotor erläutern[265].

Hochbeanspruchte Zylinderköpfe aus Gusseisen mit Lamellengraphit sollen in allen Querschnitten möglichst gleichmässige A-Graphitausbildung mit feinlamellarem perlitischem Grundgefüge aufweisen. Bei sehr unterschiedlichen Wanddicken kann es im Bereich von Materialanhäufungen infolge verzögerter Abkühlungsgeschwindigkeit zu groben Graphitausscheidungen kommen, die bei der Druckprüfung undichte Stellen ergeben.In solchen Fällen kann oft durch Anwendung von Kühlmitteln[9][265], wie besonderen Sandballen (z.B. Chromit- oder Zirkonsand), Kokillenplatten oder Kühlstiften eine weitgehend gelenkte Erstarrung mit gesunder Gefügeausbildung erzielt werden.

Porosität, die als Hauptfehlerscheinung bei Zylinderköpfen angesehen wird[263)266)267)], kann aber auch noch zahlreiche andere Gründe haben. Ihre möglichen Entstehungsursachen und deren Beeinflussung durch die Herstellungsbedingungen hat K.-H. Caspers[263)] zusammengefasst (Tafel 67). Er kommt zu dem Schluss, dass in manchen schwierigen Fällen eine gewisse Porosität trotz einwandfreier Form- und Giessbedingungen nicht mit Sicherheit vermieden und die erforderliche Gasdichtheit dann nur durch Anwendung von Imprägnierverfahren erreicht werden kann[267)].

Besonders anfällig auf Mikroporosität sind Mo-legierte Gusseisen, wenn deren Phosphorgehalt auf über 0,06 bis 0,07 % ansteigt[37)81)], weil ein Teil des Molybdäns in das niedrigschmelzende Phosphideutektikum (den Steadit)eingebaut wird und dadurch dessen Anteil vermehrt, was zu einer Zunahme der Lunkerporosität führen kann. Ein zusätzlicher Nachteil ist, dass dieser Teil des Molybdäns für die Legierungswirkung verloren geht.

Als ein sehr unangenehmer Gussfehler in Kühlkanälen können Blattrippen auftreten (Bild 243), die durch Gussputzen wegen Unzugänglichkeit nicht entfernbar sind. Diese Federn können mehrere Millimeter hoch sein und stellen Gussfehler dar, die durch Aufreissen eines thermisch überbelasteten Kernsandes beim Abguss durch Eindringen von flüssigem Metall in den Kernriss entstehen. Bei der Erstarrung und Abkühlung der Gussstücke in der Form führen die Blattrippen zu einer Schwindungsbehinderung und damit zum Aufbau von Spannungen im Gussstück, die unter ungünstigen Bedingungen ein Reissen besonders gefährdeter Stellen schon vor dem betrieblichen Einsatz verursachen können.

Derartige Sandfehler können je nach Ausmass zu erheblichen Strömungsverlusten in den Kühlkanälen und damit zu schlechter Kühlung, d.h. zu höherer thermischer Belastung, im Extremfall zu Überlastung des Zylinderdeckels Anlass geben.

Katastrophale Kühlungsverschlechterung mit frühzeitigem Ausfall durch Stegrissbildung (Bild 244a) brachte beispielsweise die in Bild 244b gezeigte Blattrippenbildung und Vererzung an der empfindlichsten Stelle des Kühlkanals direkt unter dem Steg eines Zylinderkopfes eines Traktionsdieselmotors.

Gefährliche Fehler können auch durch ungenügende Kernkontrolle entstehen, wenn z.B. durch Kernversatz die Kanalwände auf der einen Seite zu dünn und auf der anderen Seite zu dick werden.

Es ist unerlässlich, vor Inangriffnahme einer Serienproduktion nach Neukonstruktion oder Modelländerungen Probeabgüsse zu zerschneiden und genauesten Masskontrollen zu unterziehen. Dieser Hinweis sollte an und für sich als Selbstverständlichkeit vorausgesetzt werden können. Die praktischen Erfahrungen an Schadensfällen (z.B. Bild 245) beweisen jedoch, dass hier aus Kosten- oder Termingründen oft am falschen Platz gespart wird.[270]

Als weitere unangenehme Fehlerscheinungen seien noch einige Gefügeanomalien erwähnt, die bei Gusseisen mit Vermiculargraphit bzw. bei Gusseisen mit Kugelgraphit auftreten können und eine erhebliche Verschlechterung der mechanischen Eigenschaften nach sich ziehen.

Sowohl GGV als auch GGG sollen zur Verbesserung ihres thermischen Verhaltens mit möglichst hohen Kohlenstoffgehalten hergestellt werden. Hierbei ist jedoch zu beachten, dass die Zusammensetzung je nach der Gussstückwanddicke naheutektisch ($S_c \sim 1$) bis schwach übereutektisch ($S_c > 1$) sein soll, jedoch die in Bild 211 (vgl. Abschnitt 4.4, Seite[131])angegebenen Grenzen nicht überschritten werden dürfen, weil es sonst zu Graphitflotation kommt. Es handelt sich dabei um eine Schwerkraftseigerung der gegenüber der Schmelze spezifisch leichteren Graphitteilchen (Dichte des Graphits ca. 2,08 g/cm^3, des flüssigen GGG ca. 6,5 g/cm^3), die an die Gussstückoberfläche aufschwimmen und sich dort anreichern, was zu einer starken Verminderung der mechanischen Eigenschaften führt. Gefügebilder flotierter und gesunder Bereiche von GGG und GGV zeigen die Bilder 246[247] und 247[271]. Obwohl die nicht flotierte Zone des Gusseisens mit Vermiculargraphit nach Bild 247b keinen idealen Vermiculargraphit aufweist, waren die in diesem Bereich ermittelten mechanischen Eigenschaften mit 350 N/mm^2 Zugfestigkeit, 250 N/mm^2 0,2-Grenze und 5,3 % Bruchdehnung noch sehr gut.

Manchmal wird bei Gusseisen mit Vermiculargraphit[129][272] wie bei Gusseisen mit Kugelgraphit[273][274] an vereinzelten Stellen unmittelbar unter der Gusshaut ein schmaler Lamellengraphitsaum von einigen 1/10 mm Dicke beobachtet, dessen Ursachen weder bei GGG noch bei GGV bisher ganz geklärt sind (Bilder 248a,b). Bei Gusseisen mit Kugelgraphit wird vermutet, dass diese Randzone durch ungeeignete Form- und Kernschlichten begünstigt wird. Bezüglich des Lamellengraphitsaumes bei Gusseisen mit Vermiculargraphit vermutet K.-H. Riemer[129], dass hier Formstoffeinflüsse, eingeschlossene Luft im Formhohlraum und Feuchtigkeit eine gewisse Rolle spielen. Nach den bisherigen Erfahrungen am Österreichischen Giesserei-Institut [272] kann durch niedrige Ausgangsschwefelgehalte vor der Cerbehandlung, durch Vermeidung des Einschleppens von Reaktionsprodukten (Ceroxiden oder Cersulfiden) in den Formhohlraum und durch Vermeidung von Unterbehandlung die Gefahr dieser Saumbildung weitgehend vermieden werden. Im Bereich des Lamellengraphitsaumes ist das Grundgefüge immer rein perlitisch, während es im unmittelbar angrenzenden Vermiculargraphitbereich rein ferritisch ist. Bei dynamischer Beanspruchung kann die Festigkeit bei Auftreten eines Lamellengraphitsaumes um bis zu 50 % erniedrigt werden, so dass diese Stellen Ausgangspunkte für Ermüdungsanrisse (vgl. Bild 248b) werden. Auch bei starker Überbehandlung von GGV mit Cermischmetall kann es in Verbindung mit höheren Schwefelgehalten zu Graphitentartung (Bild 249) kommen, die die mechanischen Eigenschaften ungünstig beeinflusst.

Die aufgezeigten Gefügefehler bei GGV stellen Grenzfälle dar. Im allgemeinen ist der Bereich der erfolgreichen Zugabemenge an Cermischmetall so gross, dass bei der betrieblichen Herstellung ausreichende Sicherheit besteht, sowohl Unter- als auch Überbehandlung zu vermeiden. Dies wird auch durch die bisherigen praktischen Erfahrungen (z.B. [129]) voll und ganz bestätigt. Voraussetzung für eine einwandfreie Gussqualität von GGV ist, dass wie bei hochwertigem GGL oder GGG eine entsprechend sorgfältige Qualitätsüberwachung vorgenommen wird, die bereits bei der Auswahl der Rohmaterialien beginnen muss.

Chunky-Graphit kann auch in Gusseisen mit Kugelgraphit bei langsamer Abkühlung, also in grösseren Gussstücken, vor allem im thermischen Zentrum auftreten (Bild 250), besonders dann, wenn Einsatzstoffe und Schmelzebehandlung nicht optimal aufeinander abgestimmt sind. Bei Verwendung unreiner Einsatzstoffe kann es durch Seigerungen von Störelementen in dickwandigen Gussstückpartien darüber hinaus zu Graphitentartungen nach Bild 251 kommen. Massnahmen zur Vermeidung derartiger Gefügeanomalien, die die mechanischen und thermischen Eigenschaften äusserst ungünstig beeinflussen, geben H. Mayer u. F. Hämmerli[265] an.

9 Zusammenfassung und Schlussfolgerungen

Eines der Hauptprobleme zur Erhöhung der Betriebssicherheit von Dieselmotoren ist das Bestreben nach Verbesserung der Ermüdungsfestigkeit der Zylinderköpfe.

Während bei den kleineren Motoren die thermische Belastung im Vordergrund steht, steigt mit zunehmender Baugrösse auch die mechanische Belastung stark an, so dass es notwendig ist, die Auswahl eines geeigneten Zylinderkopfwerkstoffes dem Belastungsfall anzupassen. Von den in Frage kommenden Gusseisenwerkstoffen mit Lamellengraphit, mit Vermiculargraphit und mit Kugelgraphit stehen insgesamt über 40 Legierungszusammensetzungen in praktischer Verwendung. Es wurde versucht, die Werkstoffeigenschaften der 3 genannten Werkstoffgruppen aus der Literatur und aus zugänglich gemachten unveröffentlichten Forschungsarbeiten systematisch darzustellen, um dem Konstrukteur die für die richtige Werkstoffauswahl erforderlichen Unterlagen in geschlossener Form anbieten zu können.

Im Hinblick auf die Beanspruchungsverhältnisse am Zylinderdeckel wurde dabei besonderes Schwergewicht auf die thermische Beanspruchbarkeit der Werkstoffe gelegt, für die vor allem folgende Eigenschaften notwendig sind: hohe Wärmeleitfähigkeit, um grosse Temperaturgradienten zu vermeiden, niedrige Wärmeausdehnung, um grosse Spannungsgradienten zu vermeiden, niedriger E-Modul und grosses elastisches, d.h. reversibles Dehnvermögen, um die Restzugspannungen gering zu halten, hohe Warmstreckgrenze und hoher Kriechwiderstand unter Druckbelastung bis zur maximalen Betriebstemperatur, hohe Dauerwechselfestigkeit bzw. Schwellfestigkeit mit hoher elastischer Dehnschwingbreite im Bereich der maximalen Betriebstemperatur und schliesslich auch hohe Gefügestabilität bis zur maximalen Betriebstemperatur.

Für eine Abschätzung der thermischen Belastbarkeit der drei Werkstoffgruppen GGL, GGV und GGG wurden Schaubilder entworfen (Bilder 170 a bis c), die eine vergleichende Bewertung ermöglichen.

Neben hoher thermischer Beständigkeit muss aber auch eine ausreichend hohe mechanische Festigkeit und Härte vorhanden sein. Es ist schwer möglich, alle diese Forderungen in einem Werkstoff zu vereinigen und es wird daher immer, dem Anwendungsfall entsprechend, eine Kompromisslösung gesucht werden müssen.

Als grobe Reihung lässt sich dabei folgende Einteilung treffen: Für Zylinderköpfe mit höchsten thermischen und mässigen bis niedrigen mechanischen Beanspruchungen sind CrMoNi-legierte Gusseisen mit Lamellengraphit mit hohem Kohlenstoffgehalt von 3,7 bis 3,8 % am besten geeignet. Hier handelt es sich vorwiegend um den Einsatzbereich für PKW- und LKW-Diesel.

Bei hohen mechanischen und mässigen bis hohen thermischen Beanspruchungen, d.s. Zylinderdeckel für mittelschnell- und langsam laufende Dieselmotoren, sind hochfeste CrMo-legierte Gusseisen mit Lamellengraphit mit Kohlenstoffgehalten um 3,2 bis 3,3 % empfehlenswert.

Mit zunehmender mechanischer Beanspruchung ist jedoch ein Übergang auf ferritisches Gusseisen mit Vermiculargraphit und in besonderen Fällen auf ferritisches Gusseisen mit Kugelgraphit vorteilhaft. Dadurch wird allerdings die thermische Belastbarkeit im Vergleich zu GGL geringer und die maximal zulässigen Temperaturen werden niedriger. Vor allem Gusseisen mit Kugelgraphit ist auf rasche Temperaturwechsel empfindlicher.

Nach einer kritischen Zusammenstellung zum Teil heute noch verwendeter komplexer Qualitätsbewertungskennzahlen für die Werkstoffauswahl wurde auf mögliche, jedoch bisher wenig verwendete bzw. noch in Entwicklung begriffene Oberflächenbehandlungsverfahren zur Erhöhung der thermischen Beständigkeit hingewiesen.

Auch konstruktive Massnahmen, die z.T. über eine Kühlungsverbesserung wirken, können die thermische Beanspruchung entscheidend mitbeeinflussen und müssen dem verwendeten Werkstoff angepasst werden. Am Schluss der Arbeit wurden einige Hinweise zur Giesstechnologie sowie auf mögliche Gussfehler gegeben.

Die technologischen Untersuchungen des Temperaturwechselverhaltens und die mit Hilfe der zusammengestellten Werkstoffeigenschaften abgeleiteten theoretischen Betrachtungen vermitteln ein qualitatives Bild über die Wechselwirkungen der an der thermischen Ermüdung beteiligten Eigenschaften und ermöglichen eine grobe Reihung der Eisengusswerkstoffe GGL, GGV und GGG im oben angegebenen Sinn.

Erst wenn es möglich sein wird, die Berechnungsverfahren der FE-Programme auf jeden Zylinderdeckel anzuwenden, kann eine quantitative Optimierung im Sinne einer bestmöglichen Werkstoffanpassung an den jeweiligen Belastungszustand erfolgen. Als Voraussetzung für die Durchführung einer thermischen Spannungsanalyse sind vor allem umfassende Messungen der Temperaturverteilung an den kritischen Stellen des Zylinderdeckels notwendig. Erst dann kann mit Hilfe der Werkstoffparameter das Berechnungsverfahren durchgeführt werden. Die hierfür notwendigen Eigenschaftskennwerte der in Frage kommenden Gusseisensorten sind, wie die vorliegende Schrifttumsauswertung zeigt, unvollständig und müssen daher noch ergänzt werden. Dies gilt besonders für den Temperatureinfluss auf die Spannungsabhängigkeit des E-Moduls und der Poisson'schen Zahl sowie den Einfluss einer wiederholten Belastung auf diese Grössen sowohl im Zug- als auch im Druckbereich.

Auch die Dauerfestigkeit bei höherer Temperatur ist noch nicht ausreichend untersucht. Es fehlen Dauerfestigkeitsschaubilder mit Berücksichtigung der Beanspruchungsdauer. Infolge der bei höherer Temperatur ablaufenden Kriechprozesse ist bei der Erstellung solcher Schaubilder eine Einbeziehung von Zeitstandfestigkeit und Zeitdehngrenzen erforderlich, wie dies für Al-Legierungen [218] und für Stahl[219] bereits gemacht wurde.

Bei ferritischem Gusseisen mit Vermiculargraphit ist das Verformungsverhalten unter Druckbeanspruchung noch nicht untersucht worden. Ebenso fehlen Unterlagen über das Kriechverhalten sowie über den Temperatureinfluss auf E-Modul und Poisson-Zahl dieses Werkstoffes.

Während die mit Hilfe der FE-Berechnungsprogramme durchführbaren Spannungsberechnungen nur für den Elastizitätsbereich zutreffen, erfolgt die thermische Ermüdung infolge der periodisch wechselnden Wärmedehnungen im Gebiet überelastischer Verformung. Rechenprogramme mit iterativen Näherungsverfahren, die auch plastische Verformungen und Kriechen der Werkstoffe berücksichtigen, sind in Entwicklung. Für deren praktische Anwendung muss das Zeitfestigkeitsverhalten der Werkstoffe bekannt sein. Hierüber liegen für GGL nur wenige Angaben, beschränkt auf Raumtemperatur (Bild 177) vor, während bei GGV noch keine und bei GGG nur tendenzmässige Untersuchungsergebnisse veröffentlicht wurden. Es ist daher notwendig, die in Abhängigkeit von der Lastwechselanzahl im Bereich bis 10^4 ertragbaren Dehnungsschwingbreiten der Zylinderdeckelwerkstoffe in dehnungskontrollierten Zeitfestigkeitsversuchen (Low Cycle Versuchen) bei RT und im Bereich zwischen 300 und 400°C zu ermitteln. Hierbei müsste der Einfluss verschiedener Mittelspannungen (Zug- bzw. Druckvorspannung) sowie von Haltezeiten bei höheren Temperaturen im Druckbereich (zur Berücksichtigung des Kriecheinflusses unter Druckspannung) in die Untersuchungen miteinbezogen werden. Ebenso wichtig wäre die Miterfassung des Einflusses von Kerben und eines Korrosionsangriffes auf das Zeitfestigkeitsverhalten. Zur besseren Beurteilung des unterschiedlichen Rissverhaltens von GGL, GGV und GGG kann unter Umständen auch die Rissbruchzähigkeit[181)182)183)275)] mitherangezogen werden.

Erst wenn es gelingt, mit Hilfe von Messungen am Motor[83)] und der Modellberechnungsverfahren die Spannungsverteilungen an Zylinderdeckeln in Abhängigkeit von der konstruktiven Gestaltung und der mechanischen und thermischen Belastung ganz in den Griff zu bekommen, wird es möglich sein, durch Zusammenarbeit von Motorenbauer, Konstrukteur, Werkstofffachmann und Giesser die wirtschaftlich günstigste Werkstoffauswahl für jeden Anwendungsfall zu finden.

10 Schrifttum

1) Irmler, Ch.: Wärmespannungen in Zylinderköpfen von Viertakt-Dieselmotoren. VDI-Forschungsheft Nr. 495 VDI-Verlag, Düsseldorf 1963

2) Röhrig, K.u.D. Wolters: Legiertes Gusseisen Bd. 1: Gusseisen mit Lamellengraphit und karbidisches Gusseisen Giesserei-Verlag, Düsseldorf 1970

3) Ott, G.E.: Molybdänlegiertes Gusseisenim Motoren- und Fahrzeugbau Giesserei 48 (1961) Nr. 8, S. 223/33

4) Schreiber, E.: Persönliche Mitteilung, AVL, Anstalt für Verbrennungsmotoren, Prof. Dr.H. List, Graz

5) Archer, R.S., I.Z. Briggs u. C.M. Loeb jr.: Molybdän, Stähle, Gusseisen, Legierungen Climax-Molybdän Comp., Zürich 1951, s. bes. S. 344/46

6) Franke, H.-J.: Zeitschriftenschau-Verbrennungskraftmaschinen Konstruktion 23 (1971) Nr. 8, S. 319/20 Auszug aus Lit. 104)

7) Margerie, J.-C., M. Decrop u. I. Coppolani: Contribution a l'etude de la resistance des fontes au choc thermique Fonderie 1962, Nr. 201, S. 404/20

8) Friedrich, W.: Beitrag zur Prüfung und Beurteilung des Wärmeschockverhaltens von Gusseisen Werkstatt u. Betrieb 100 (1967) Nr. 8, S. 583/89

9) Hertlein, H.: Giessereitechnische Probleme bei Zylinderköpfen für Verbrennungskraftmaschinen Giesserei-Praxis 1970, Nr. 7, S. 97/101

10) Czikel, J., G. Gaede u. G. Gurbaxani: Einsatzoptimierung in Schmelzwerken für Gusseisen mit Lamellengraphit. 38. Int. Giesserei-Kongress, Düsseldorf 1971, Vortrag Nr. 3

11) Gilbert, G.N.J.: Engineering data on cast iron British Cast Iron Res. Ass., Birmingham 1968. s. bes. S. 15

12) Pitchford, J.H., B.W. Millington u. M.H. Howarth: What problems still restrain the small automotive diesel engine? 10. Int. Automobile Techn. Congress of FISITA, Tokyo 1964, Vortr. C-7, 21 Seiten

13) Pfannenschmidt, C.W.: Gusseisen-Werkstoffe Sonderdruck aus Handbuch der Giesserei-Technik von F. Roll, 2. Band, 1. Teil Springer-Verlag, Berlin 1970

14) Röhrig, K., H.G. Gerlach u. O. Nickel: Legiertes Gusseisen. Bd. 2: Gusseisen mit Kugelgraphit Giesserei-Verlag, Düsseldorf 1974

15) Janakiev, N.: Über einige Besonderheiten der Gefügeausbildung und der mechanischen Eigenschaften bei dickwandigen Teilen aus Gusseisen und deren Anwendung als Reaktorstrukturmaterial Dr.-Ing. Dissertation, TH-Aachen 1975. vgl. auch Lit. 16)

16) Janakiev, N.: Gusseisen mit Lamellengraphit als Werkstoff für die Reaktortechnik Giesserei-Praxis (1976) Nr. 1/2, S. 1/4

17) Kattus, J.R. u. B. Mc Pherson: Report on properties of cast iron at elevated temperatures. ASTM-Special Technical Publication No. 248, Philadelphia 1959

18) Braun, H., H. Walter, J.A. Hollins u. H.G. Trapp: Temperguss und Grauguss als Bremsenwerkstoff im Fahrzeugbau. Sonderdruck aus ATZ-Automobiltechnische Zeitschrift 69 (1967) Nr. 7, 15 Seiten

19) Verein Deutscher Giessereifachleute: Richtreihen zur Kennzeichnung der Graphitausbildung. VDG-Merkblatt P 441, Düsseldorf, August 1962

20) Merchant, H.D.: Effect of alloy additions on high temperature hardness of flake-type cast iron

21) Palmer, K.B.: High temperature properties of cast iron
Iron a. Steel 44 (1971) Febr., S. 39/46

22) Govaerts, G.: Applications of Copper in iron castings in Belgium
Proceedings of a Conf. "Copper in Cast Iron", Copper Devlpmt. Ass., Birmingham 1967, Paper 6, S. 48/49

23) Wiegand, H. u. H. Huff: Zur Bewertung von Gusseisen als Konstruktionswerkstoff
Ind. Anz. 89 (1967) Nr. 11, S. 188/93

24) Anonym: Low and medium temperature properties of flake graphite cast irons
Casting Engineering (1972) May/June, S. 11/13

25) Kleemann, K.H. u. P. Triches: Eigenschaften von zähem Grauguss.
Sonderdruck aus der Technischen Rundschau Nr. 26 vom 14.6.1968

26) Kleemann, K.H. u. P. Triches: Tenopur - Ein zäher Grauguss mit lamellarer Graphitausbildung
Werkstatt u. Betrieb 101 (1968) Nr. 8, S. 445/47

27) Collaud, A. u. J.C. Thieme: Zähigkeit von Gusseisen mit Lamellengraphit als Qualitätsmassstab
Giesserei 53 (1966) Nr. 8, S. 238/50

28) Patterson, W.: Beitrag zur Wirkung von Pfannenzusätzen auf Gusseisen. Reifegrad und Relative Härte als Qualitätsmerkmale
Giesserei 46 (1959) Nr. 11, S. 289/301

29) Gilbert, G.N.J. u. P.J. Emerson: The elastic properties of cast iron determined statically and dynamically
BCIRA-J. 15 (1967) Nr. 5, S. 436/57

30) Pabon, M.: Konstruieren mit Gusswerkstoffen Giessereitechn. Mitt. 1 (1972) Nr. 14, S. 303/08

31) Modl, E.K.: Gusseisen mit Kugelgraphit als Konstruktionswerkstoff. Eigenschaften u. Anwendungsmöglichkeiten. Sonderdruck aus Techn.Rundsch. Sulzer 44 (1962) Nr. 2, S. 3/17

32) Modl, E.K.: Gusseisen-Werkstoffe der Siebzigerjahre Giessereitechn.Mitt. 1 (1971) S. 121/25

33) Röhrig, K.: Legiertes Gusseisen mit Lamellengraphit Giesserei 57 (1970) Nr. 19, S. 609/17

34) Reifferscheid, K.: Die mechanischen Festigkeitswerte von Gusseisen mit Kugelgraphit und vollperlitischem Grundgefüge (GGG 80) im Wanddickenbereich von 25 bis 150 mm Giesserei-Praxis (1975) Nr. 21, S. 350/57

35) Keller, A. u. W. Dünki: Beurteilung der Gusseisen nach ihrer Zähigkeit Sonderdruck aus Escher Wyss Mitt. 1972, Nr. 1, S. 1/7

36) Verein Deutscher Giessereifachleute: Giesserei-Kalender, Düsseldorf 1965, S. 70/71

37) Gundlach, R.B. u. W.G. Scholz: Phosphideutektikum in molybdän- und/oder chromhaltigen grauen Gusseisen Giesserei-Praxis 1974, Nr. 1, S. 1/11

38) Flinn, R.A. u. H.J. Chapin: White and gray irons. Ductility and elasticity American Foundryman, 1946, August, S. 47/59

39) Riegger, S., O. Vöhringer u. E. Macherauch: Spannungsrelaxationsversuche an Gusseisen mit Kugelgraphit GGG 38/42. Giess.-Forsch. 23 (1971) Nr. 3, S. 89/91

40) Riegger S., O. Vöhringer u. E. Macherauch: Untersuchungen zum Verformungsverhalten von Gusseisen mit Kugelgraphit GGG 38/42 im Temperaturbereich zwischen 77 K und 873 K.
Giess.-Forschung 23 (1971) Nr. 1, S. 35/41

41) Stroppe, H. u. H. Hoffmann: Untersuchungen zum Elastizitätsverhalten von Grauguss.
Teil I: Allg. u. experimenteller Teil
Wiss. Z. TH Magdeburg 9 (1965) Nr. 5/6, S. 637/63
Teil II: Theoretischer Teil
Wiss. Z. TH Magdeburg 10 (1966) Nr. 1/2, S. 159/73

42) Gries, H., H. Backhaus u. H. Borchers: Untersuchungen über das Bruchdehnungsverhalten verschiedener Gusseisensorten mit lamellarer Graphitausbildung
Giesserei, techn.wiss. Beih. 14 (1962) Nr. 3, S. 127/134

43) Grundig, W.: Über den Elastizitätsmodul E_0 der graphithaltigen Eisenwerkstoffe
Giesserei techn.-wiss. Beih. 8 (1956) Nr. 16, S. 809/14

44) Dilewijns, J.A.: Properties of nodular iron at temperatures up to 500°C with emphasis on impact strength
Cast Met. Res.J. 9 (1973) Nr. 2, S. 64/66
vgl. auch Vyroba velkých odlitku z tvárné litiny, Praha 1971, S. 118/79

45) Angus, H.T.: Physical and Engineering Properties of Cast Iron. BCIRA, Birmingham 1960, 1. Aufl.
sowie Cast Iron: Physical and Engineering Properties, 2. Aufl., Butterworths, London 1976.

46) Werning, H.: Die mechanischen Eigenschaften von Gusseisen mit Lamellengraphit
Konstruieren und Giessen, 2/76, VDI-Verlag Düsseldorf, April 1976, S. 15/18

47) Schröder, K.H.: Untersuchungen zur Mechanik des Gusseisens
Giesserei-Forsch. 22 (1970) Nr. 2, S. 51/63

48) -- Wolframzusatz im Gusseisen.
Giesserei-Praxis 1975, Nr. 22, S. 369
Literaturauszug aus:
Fonderie 1974, Nr. 339, S. 423/24 und
R.A. Clark u. T.K. Mc Cluban: How does
Tungsten affect cast iron.
Foundry 93 (1965) Nr. 4, April, S. 137/40

49) Angus, H.T.: Stress resistance of unalloyed and
alloyed cast iron at high temperatures
and the use of grey, malleable and
nodular or spheroidal graphite iron at
steam temperatures.
The Brit. Foundrym. 62 (1969) Nov.
S. 407/31

50) Kotte, W.: Eigenschaften von Grauguss für Block-
formen
Stahl u. Eisen 74 (1954) Nr. 5, S. 292/94
Kurzauszug aus J.W. Grant: Mechanical
properties of ingot mould irons
J. Iron Steel Inst. 168 (1951), July,
S. 263/73. vgl. Lit. 112)

51) Davies, V.de L., B. Augland u. N. Christensen:
Relaxation of pearlitic cast iron
J. Iron Steel Inst. 181 (1964), April,
S. 343/46

52) -- Creep of pearlitic grey cast iron and
steel
Russ. Cast. Prod. 1974, Nr. 4, S. 175/76

53) Hall, R.W.: A diesel engine cylinder head.
Proc. Conf. Copper in Cast Iron. Copper
Devlpmt. Ass., Birmingham 1967, Paper 8,
S. 57/59

54) Firmedow, T.: Diskussionsbeitrag zu 53), s. bes. S. 58

55) Hänchen, R.: Dauerfestigkeitsbilder für Stahl und
Gusseisen
Carl Hanser Verlag, München 1963

56) Rajakovics, E.v.: Der Einfluss von Molybdän und Chrom
auf die dynamischen Festigkeitseigen-
schaften von Grauguss
Giesserei-Rdsch. 15 (1968) Nr. 5, S.15/22

57) Mühlberger, H.: Sphäro-Guss. Gusseisen mit Kugelgraphit.
Techn. Mitt. 58 (1965) Nr. 7, S. 365-78

58) Palmer, K.B.: High temperature tensile design stresses for cast irons.
Unveröffentlichte Arbeiten der BCIRA, Birmingham

59) Straube, H.: Über die Grundlagen der Warmfestigkeit und die warmfesten metallischen Werkstoffe.
Sonderdruck aus Schweizer Archiv f. angew. Wiss. u. Techn. 34 (1968), 22 Seiten

60) Carden, R.L.: Thermal stress effects in enamelled cast iron
Foundry Trade J. 122 (1967) Nr. 2622, S. 279/85

61) Devyatkin, V.P. u. Mitarb.: Relationship between the properties of grey chromium-nickel iron and the graphite flake lengths.
Russ. Cast. Prod. 1971, Nr. 4, S. 159/60, vgl. auch Giesserei 60 (1973) Nr. 11, S. 344

62) Margerie, J.C.: Coefficients de dilatation des fontes pour lingotieres.
Fonderie 1973, Nr. 320, S. 75/76

63) Meyer-Rässler, E.: Wärmeleitfähigkeit, Festigkeit und Gefüge verschiedener Eisengusswerkstoffe
Giesserei 54 (1967) Nr. 13, S. 348/50

64) Kempers, H.: Stahlwerkskokillen aus Gusseisen mit Kugelgraphit
Giesserei 53 (1966) Nr. 1, S. 15/18

65) Felix, W.: Der Elastizitätsmodul als Hilfsmittel bei der Qualitätsbeurteilung von Gusseisen
Giesserei 50 (1963) Nr. 1, S. 6/11

66) Reinitzhuber, F.: Verfahren zur Ermittlung der Wärme- und Temperaturleitfähigkeit von Stahl
Stahl u. Eisen 91 (1971) Nr. 5, S. 281/82

67) Nechtelberger, E.: Systematische Untersuchung zur Qualitätssteigerung von Zylinderkopfgusseisen unter besonderer Berücksichtigung der Rissbildungsneigung
Teil 1: Mechanische und physikalische Eigenschaften sowie Gefügeausbildung
Österr. Giesserei-Institut, Bericht A.-Nr. 17.698, Leoben 1972.

68) Nechtelberger, E.: wie 67
Teil 2: Ergebnisse der Thermoschockprüfung
Österr. Giesserei-Institut. Bericht A.-Nr. 20.733, Leoben 1975.

vgl. auch "Temperaturwechselrissverhalten der Gusseisenwerkstoffe". Vortrag Internat. Tagung "Gefüge u. Bruch", Montanuniversität Leoben, 25./26.11.1976. Verlag Borntraeger, demnächst.

69) Nechtelberger, E.: Untersuchungen des Kriechverhaltens von Gusseisen-Werkstoffen unter Zug- bzw. Druckbeanspruchung bei Raumtemperatur.
Teil 1: Kriechverhalten von Gusseisen mit Lamellengraphit (GG 15 und GG 30) unter Druckbeanspruchung.
Österr. Giesserei-Institut, Bericht A.-Nr. 18.670, Leoben 1973.

70) Nechtelberger, E.: wie 69
Teil 2: Kriechverhalten von Gusseisen mit Lamellengraphit der Qualitäten GG 15, GG 20, GG 25 und GG 30 unter Zugbeanspruchung, der Qualitäten GG 20 und GG 25 unter Druckbeanspruchung sowie zweier Hartgussqualitäten unter Zug- bzw. Druckbeanspruchung .
Österr. Giesserei-Institut, Bericht A.-Nr. 20.475, Leoben 1976.

71) Rajakovics, E.: Schnelle Bestimmung des Kriechverhaltens von Gusswerkstoffen durch Warm-Kriechzugversuche.
Giesserei-Rdsch. 14 (1967) Nr. 12, S.15-17

72) Rajakovics, E. u. E. Nechtelberger: Beitrag zur Schnellbestimmung des Warmkriechzugverhaltens von Gusseisen mit Kugelgraphit Giesserei-Rdsch. 17 (1970) Nr. 3, S.19/26

73) Rajakovics, E.: Untersuchungen zur Aufstellung eines Grauguss-Diagrammes.
Giesserei-Rdsch 13 (1966) Nr. 3, S. 19/28
vgl. auch ÖNORM M 3191, Gusseisen mit Lamellengraphit, Ausg. 1.2.1971, S. 7/8

74) Janakiev, N. u. M. Andreev: Verbesserung der Oxidations- und Wachstumsbeständigkeit von Gusseisen für Verbrennungskraftmaschinen durch Legieren mit Kupfer und Aluminium
Giesserei-Praxis 1972, Nr. 19, S. 335/40

75) Gilbert, G.N.J.: Behaviour of cast iron under stress.
Proc. BCIRA-Conf. on Engineering Properties and Performance of Modern Iron Castings.
Loughborough 1970, S. 41/73

76) Scholes, J.P.: Properties affecting the performance of iron castings under static load
Wie 75), S. 77/96

77) Palmer, K.B.: Fatigue properties of cast iron
Wie 75), S. 97/146

78) Scholes, J.P.: Stress analysis as an aid to the design of iron castings.
Wie 75), S. 373/95

79) Beard, C.A.: Cast iron - the internal combustion engine designer's view-point
Wie 75), S. 402/04

80) Lembcke, H.-R.: Mittelschnellaufende Vier-Takt-Dieselmotoren.
Techn. Mitt. Krupp, Werksberichte, 34 (1976) Nr. 1, S. 11/19

81) da Cunha, V.M.I. u. H.C. Canning: Marine Diesel cylinderhead production
Foundry Trade J. 138 (1975) No. 3044, S. 477/78, 480/84, 486/89

82) List, H.: Die Behandlung konstruktiver Probleme neuzeitlicher Dieselmotoren
MTZ Motortechn. Zeitschr. 33 (1972) Nr. 3, Sonderdruck S. 1/9

83) Ganter-Ullmann, K.: Gestaltfestigkeitsprobleme am Motor
ATZ Automobiltechn. Zeitschr. 73 (1971) Nr. 12, S. 451/55

84) Pattas, K.: Thermische Belastung des Zylinderkopfes von Hochleistungs-Dieselmotoren.
MTZ-Motortechn. Zeitschr. 35 (1974) Nr. 10, S. 314/18

85) Dragsted, J.: Untersuchung von Zylinderdeckeln für Schiffs-Zweitakt-Dieselmotoren.
MTZ-Motortechn. Zeitschr. 31 (1970) Nr. 11, S. 457/60

86) Wacker, E., E. Strecker, A. Sarsten u. E. Haaland: Finite-Elemente-Programme zur Berechnung von Brennraum-Bauteilen.
MTZ-Motortechn. Zeitschr. 32 (1971) Nr.8, S. 267/79

87) Wolf, G.: Entwicklungsprobleme an Zylinderdeckeln, Kolben und Zylindereinsätzen von Grossdieselmotoren.
Techn. Rundschau Sulzer, Forschungsheft 1971, S. 53/64
Vortrag Congres international des machines à combustion, CIMAC, Stockholm 1971, Vortrag A-1, S. 1/22

88) Murtas, G.: Betriebsergebnisse der mittelschnelllaufenden Dieselmotoren von Grandi Motori Trieste
MTZ Motortechn. Zeitschr. 34 (1973) 4, S. 129/30

89) van Winsen, F.H. u. U. Conrad: Der Mercedes-Benz Personenwagen-Dieselmotor.
ATZ Automobiltechn. Zeitschr. 74 (1972) Nr. 3, S. 96/102

90) Boemer, E.: Guss im Mittel- und Grossmotorenbau
ZGV-Nachrichten 14 (1970) Nr. 1, 12 Seiten. Zentrale für Gussverwendung, Düsseldorf.

91) Woelke, G.: Meehanite-Gusseisen für den Bau von Dieselmotoren u. Turbinen
MTZ-Motortechn. Zeitschr. 29 (1968) Nr. 8, S. 323/26

92) -- Meehanite-Gussteile für die leistungsstärkste Dieselmotoren-Zentrale der Welt
MTZ-Motortechn. Zeitschr. 28(1967) Nr. 4, S. 160

93) Menke, B.: Neue Gusswerkstoffe im Dieselmotorenbau
Giessereitechnik 10 (1964) Nr. 9, S. 272/75

94) Maciotta, R.: Some researches for the design and development of a "medium-speed" engine
Congrès international des machines à combustion. CIMAC, Stockholm 1971, Vortrag A-4, S. 1-28

95) Schrader, H.: Zylinderköpfe für Dieselmotoren aus Sphäroguss
KHD-Vortrag, 1959. Nicht veröffentlicht.

96) Donaldsen, E.G.: Die Verwendung von Gusseisen mit Kugelgraphit für Kraftmaschinen und Nebenaggregate.
MTZ-Motortechn. Zeitschr. 32 (1971) Nr. 9, S. 312/17

97) Reifferscheid, K.J.: Besondere Eigenschaften des Gusseisens mit Kugelgraphit und seine Verwendung im Motorenbau
MTZ-Motortechn. Zeitschr. 23 (1962) Nr. 4, S. 108/13

98) Kirgin, K.H. u. H. Kempers: Sphäro-Guss im Kraftfahrzeug.
Teil 1: ATZ-Automobiltechn.Zeitschr. 65 (1963) Nr. 9, S. 298/301
Teil 2: 65 (1963) Nr. 12, S. 385/88

99) Czikel, J.: Der Wanddickeneinfluss beim Gusseisen mit Lamellengraphit in moderner Darstellung.
Vortrag bei der Herbstveranstaltung des Vereins Österr.Giessereifachleute, Wien, 5.11.1976

100) Tabanakova, M.G.: Selecting an iron for tractor engine cylinder heads.
Russ. Cast. Prod. 1973, Nr. 9, S. 365

101) Macášek, I. u. J. Čech: Zur Frage der Verwendung von legiertem Gusseisen für Gussteile von Verbrennungskraftmaschinen (tschechisch)
Slevarenstvi 23 (1975) Nr. 5, S. 173/76

102) Sefing, F.G.: How to specify gray iron castings.
Product Engineering, Sept. 1963, S. 77/81

103) Smith, L.W.L., H.T. Angus u. A.D. Lamb: Cracking in cast iron diesel engine cylinder heads.
Proc. Instn. Mech. Engrs. 185 58/71 (1970-71), S. 807/23, Discussion D 317/19.
Vgl. auch S en W 30 e jaargang no. 3 (1972) S. 44/52

104) French, C.C.J.: Problems arising from the water cooling of engine components
Proc. Instn. Mechn. Engrs. 184 Pt1No 29, S. 507/30

105) Brock, E.K. u. A.J. Glasspoole: The thermal loading of cylinder heads and pistons on medium-speed oil engines
Proc. Instn. Mech . Engrs. 179 PtC3 (1964-65) S. 3/18

106) Dearden, A.: Residual thermal stresses in Compression ignition engines.
Trans. Inst. Mar. Engrs. 74 (1962), S. 181/208, vgl. BCIRA-J. 9 (1961), S. 540/59

107) Bertodo, R.: Gray cast irons for thermal stress applications
Journal of Strain Analysis 5 (1970) Nr. 2, S. 98/109

108) Erker, A. u. F. Rösch: Ungleichmässige Temperaturen als Ursache für Eigenspannungen und Verzug in Bauteilen aus Gusseisen
MAN-Forschungsheft Nr. 14, 1968/69, Sonderdruck S. 1/11

109) Mayer, H.: Erzeugung von Gusseisen mit erhöhter Festigkeit und Dehnung durch geeignete Einsatzstoffe und Legierungszusätze
Giesserei 54 (1967) Nr. 9, S. 236/44

110) Lux, B.: Beiträge zur Entwicklung von Gusseisen mit besonderen Werkstoffeigenschaften
Teil 1: Mechanische Eigenschaften von reinen Fe-C-Si-Legierungen
Giess.-Forsch. 19 (1967) Nr. 3, S. 141/49

111) Mayer, H.: Beiträge zur Entwicklung von Gusseisen mit besonderen Werkstoffeigenschaften
Teil 2: Mechanische Eigenschaften von molybdän- und wolframlegiertem Gusseisen
Giesserei 54 (1967) Nr. 20, S. 522/26

112) Grant, J.W.: Mechanical properties of ingot mould irons
Symposium on stresses in moulds
J. Iron Steel Inst. 168 (1951) S. 261/73
Vgl. auch Lit. 50)

113) Woolman, J.: Poisson's ratio for cast iron used for ingot moulds.
Symposium on stresses in moulds.
J. Iron Steel Inst. 168 (1951) S. 273/77

114) Woolman, J.: Note on relaxation tests on cast iron
Symposium on stresses in moulds
J. Iron Steel Inst. 168 (1951) S. 287

115) Buttler, M.W. und W.H. Glaisher: Determination of surface stresses in ingot moulds
J. Iron Steel Inst. 168 (1951) S.287/301

116) Baker, S.G. u. J.A. Pope: The creep, stress-relaxation and thermal-strain properties of several high-grade cast irons
The British Shipbuilding Res. Ass., Rep. No. 363, London 1961, 60 Seiten

117) Baker, S.G. u. J.A. Pope: Investigation of the mechanism of failure of I.C. Engine components exposed to combustion conditions.
(The thermal and elastic properties of eight cast irons)
The Brit. Shipbuilding Res. Ass.
Rep. No. 227, London 1957. 50 Seiten

118) Fitzgeorge, D. u. J.A. Pope: An investigation of the factors contributing to the failure of diesel-engine pistons and cylinder covers.
The Brit. Shipbuilding Res. Ass., Rep. No. 123, London 1953, 48 Seiten

119) French, C.C.J. u. E.R. Hartles: An investigation into the factors affecting heat transfer at a metal-to-coolant interface.
The Brit. Ship Res. Ass., BSRA-Rep. NS. 119, Marine Eng. Rep. No. 74, London 1966, 25 Seiten.

120) Thury, W., R. Hummer u. E. Nechtelberger: Verfahren zur Herstellung eines Gusseisens mit Vermiculargraphit
Österr. Patentschrift Nr. 290.592
einige weitere Patente:

Bundesrep. Deutschland	1.911.024
England	1.268.706
Frankreich	6.914.047
Japan	692.102
Schweiz	527.906

121) Sissener, J., W. Thury, R. Hummer u. E. Nechtelberger: Der Einsatz des Werkstoffes Gusseisen mit Vermiculargraphit aus technischer und wirtschaftlicher Sicht
Giesserei-Rdsch. Wien 19 (1972) 6, S. 59/65.
Giesserei-Praxis 1972, Nr. 22, S.396/404.
AFS-Cast Met. Res. J. 8 (1972) S. 178/81
Lit. Proizv. 1973, Nr. 8, S. 26/29

122) Hüttebräucker, K.: Das Verformungsverhalten von Gusseisen mit Vermiculargraphit im Temperaturbereich zwischen 73 °K und 873 °K.
Diplomarbeit am Institut für Werkstoffkunde I (Prof. Dr. E. Macherauch) der Universität Karlsruhe, 1972

123) Vöhringer, O.: Verformungsverhalten von ferritischem Gusseisen mit Vermiculargraphit und Gusseisen mit Kugelgraphit
Vortrag Giesserei-Tagung Leoben, 26.4.1974

124) Riemer, K.H.: Die Anwendung von Gusseisen mit Vermiculargraphit im Motorenbau. Vortrag Giesserei-Tagung Leoben, 4./5.5.1973

125) Riemer, K.H.: Gusseisen mit Vermiculargraphit Industrie-Anzeiger 95 (1973) Nr. 87, S. 2021/23

126) Siebert, W.: Der gerissene Zylinderdeckel. Gusseisen mit Vermiculargraphit, ein neuer Werkstoff für die Zylinderdeckelfertigung MaK-Toplaterne, 1974, Nr. 3, S. 30/35

127) Holzmüller, A.: Gusseisen mit Vermiculargraphit, ein neuer Gusseisenwerkstoff Industrie-Anzeiger 98 (1976) Nr. 28, S. 473/75

128) Holzmüller, A.: Gusseisen mit Vermiculargraphit, ein Spezialwerkstoff für den Motorenbau Giesserei 63 (1976) Nr. 10, S. 281/85

129) Riemer, K.H.: Gusseisen mit Vermiculargraphit und seine Verarbeitung zu Zylinderdeckeln für Hochleistungs-Dieselmotoren Giesserei 63 (1976) Nr. 10, S. 285/91

130) Holzmüller, A. u. L. Kucharcik: Giesstechnik für einen Zylinderdeckel aus Gusseisen mit Vermiculargraphit, siehe in Atlas zur Anschnitt- u. Speisertechnik für Gusseisen, 2. Aufl., 1975, Giesserei-Verlag, Düsseldorf, S. 45/46

131) Köhnert, H.J.: Kolbenwerkstoffe und ihre Entwicklungstendenzen. (Darin perlitisches Gusseisen mit Vermiculargraphit) Mahle Kolloquium, 24./25.5.1973, Stuttgart-Bad Cannstatt, S. 20/31, siehe bes. S. 28/29

132) Köhnert, H.J.: Eigenschaften von Mahle-Gusseisenwerkstoffen. Persönl. Mitteilungen und Ausstellung eines Wankel-Kolbens auf der Giesserei-Tagung Leoben, 29./30.4.1976

133) Schelleng, R.D.: Effect of certain elements on the form of graphite in cast iron
AFS-Cast Met. Res. J. 1967, Nr. 3, S. 30/38

134) Schelleng, R.D. u. International Nickel Ltd.:
Cast Iron. British Patent No. 1.069.058

135) Sofroni, L., I. Riposan u. I. Chira: Some considerations on the crystallisation features of cast irons with intermediary-shaped graphite (vermicular type)
The Metallurgy of Cast Iron. Proc. 2. Int. Symp., Geneva, 29./31.5.1974, Georgi Publ. Comp., St. Saphorin, Schweiz, S. 179/95

136) Crosby, V.A.: Microstructure and physical properties of alloy cast irons
Trans. AFS 45 (1937) S. 626/60

137) Rostoker, W.: Thermal fatigue resistence of gray cast iron
Journal of Materials, JMLSA, 4 (1969) Nr. 4, S. 909/23

138) -- Les fontes résistant a hautes températures
L'usine nouvelle 19 (1963) Nr. 45, S. 123/26

139) Henke, F.: Über die Temperaturwechselbeständigkeit von Gusseisen
1. Teil: Giesserei-Praxis 1974, Nr. 2, S. 21/35
2. Teil: Giesserei-Praxis 1974, Nr. 3, S. 47/59
3. Teil: Giesserei-Praxis 1974, Nr. 4, S. 71/81

140) Demedts, G. u. G. Goethals: Studie van de weerstand van grijze gieterijzers tegen thermische schok.
La Fonderie Belge 44 (1974) Nr. 4, S. 11/16

141) Bertodo, R. u. T.J. Carter: Stress analysis of diesel-engine cylinder heads. Journal of Strain Analysis 6 (1971) Nr. 1, S. 1/12

142) Motz, J.: Einfluss der Graphitformen in Stahlwerkskokillen auf den Zerstörungsmechanismus des Werkstoffes beim Stahlwerkseinsatz Vyroba velkych odlitku z tvarne litiny. Prag 1971, Vortrag 5, S. 47/54

143) Lalich, M.J.: Compacted graphite cast iron .... its properties and production with a new alloy (Gusseisen mit Vermiculargraphit). Mod. Cast. 66 (1976) Nr. 7, S. 50/52

144) Röhrle, M.: Rissneigung von Leichtmetall-Kolben-Legierungen durch periodische Wärmebeanspruchung. Dr.-Ing. Diss. Universität Stuttgart, 1968. 148 Seiten vgl. auch Sonderdruck aus MTZ-Motortechn. Zeitschr. 30 (1969) Nr. 9 und Nr. 12, 20 Seiten

145) Schreyer, W.: Der Einfluss von Legierungselementen auf die Eigenschaften, insbesondere das Temperaturwechselverhalten, von Gusseisen mit Lamellengraphit Giessereitechnik 13 (1967) Nr. 2, S. 44/53

146) Svenska Gjuteriföreningen: Termisk utmattning av gräjärn, vermikulärt gjutjärn och segjärn. (Thermische Werkstoffermüdung von Grauguss, Gusseisen mit Vermiculargraphit und Gusseisen mit Kugelgraphit) IVF-Resultat Nr. 75609, Febr. 1975, Jönköping. 26 Seiten

147) Braun, H.: Ermittlung der Brandrissbeständigkeit der Werkstoffe schwarzer Temperguss, Gusseisen mit Lamellengraphit und Gusseisen mit Kugelgraphit +GF+ Georg Fischer AG., Schaffhausen Festigkeits- u. Zerspanungslabor, Bericht 71.105 vom 31.3.1969

148) Namai, T.: Study of the formation of craze cracks in cast iron. 42. Int. Giesserei-Kongress, Lissabon 1975. Vortrag Nr. 12, 11 Seiten. vgl. auch: Untersuchung über Brandrissbildung bei Gusseisen. Giesserei-Praxis (1977) Nr. 4, S. 43/49

149) Zubac, V.: Thermoschockverhalten von Gusseisen mit Kugelgraphit (Rumänisch) Metalurgia 25 (1973) Nr. 4, S. 183/86

150) Levitan, M.M. u. Mitarb.: Gusseisen mit Kugelgraphit für Turboverdichtergehäuse (Russisch) Automobil'naja promyslennost 40 (1974) Nr. 1, S. 28/30

151) Piszak, J.: Einfluss der Temperatur auf den Wert des Produktes α.E (Wärmedehnung x E-Modul) ~~bei~~ der Berechnung von Wärmespannungen an Stahlwerkskokillen (polnisch) Prace Institutu Odlewnictwa 57 (1967) Nr. 3, S. 244/50

152) Čičinadze, A.V. u. Mitarb.: Gusseiserne Bremstrommeln für Schwerlastkraftwagen Automobil'naja, promyslennost 39 (1973) Nr. 7, S. 29/30 (russisch)

153) Patterson, V.H.: Alloying gray and ductile irons
Teil 1: Foundry 101 (1973) Nr. 5, S. 54/56
Teil 2: Foundry 101 (1973) Nr. 6, S. 50/52

154) Grant, J.W.: A few short-time, growth and creep tests on an unalloyed pearlitic grey iron BCIRA-Rep.No. 259, S. 441/45

155) Rösch, F.: Untersuchungen über innere Spannungen und Verformungen durch behinderte Temperaturdehnung bei Gusseisen. Diplomarbeit am Inst. f. Metallurgie und Metallkunde (Prof. Dr. H. Borchers), TH München, Nov. 1966, 2. Bde.

156) Fujita, H., S. Hara, T. Yano, H. Yamanouchi u. S. Yamamoto: Short period endurance fatigue test of diesel engine combustion chamber wall. Rep. Japan Ship's Machinery Development Ass., Tokyo, 1974. S. 3-3-53/64

157) Mitshubishi Heavy Ind.Co.Ltd.: Development of short period endurance fatigue test of diesel engine combustion chamber wall. Progr. in Mar.Eng. in Japan, 1974, S. 78/83

158) Japan Ship's Machinery Development Ass., Tokyo, Rep. No. 46 (1971), 48 (1973) und 49 (1974), japanisch

159) Zingg, E. u. E.K. Modl: Die Bedeutung der Eigenspannungen in Grau- und Sphäroguss Techn. Rdsch. Sulzer, 1967, Nr. 1, S. 50/63

160) Piwowarsky, E.: Hochwertiges Gusseisen Seine Eigenschaften und die physikalische Metallurgie seiner Herstellung Springer-Verlag, Berlin 1958

161) Rajakovics, E.: Schwingungsfestigkeit von Gusseisen Giesserei-Rdsch. 11 (1964) Nr. 12, S. 19/26

162) Tauscher, H.: Dauerfestigkeit von Stahl und Gusseisen VEB Fachbuchverlag, Leipzig, 1969

163) Motz, J.: Über die Wechselfestigkeit von Gusseisen mit Kugelgraphit VDI-Berichte Nr. 49, Gusseisen mit Kugelgraphit als Konstruktionswerkstoff, Düsseldorf 1961, S. 43/46

164) Int. Komitee Giessereitechn. Vereinigungen: Dauerfestigkeit von Gusseisen mit Kugelgraphit. VDG-Fachbericht Nr. 017, Düsseldorf, 1975, 18 Seiten.

165) Reuter, H.: Dauerfestigkeit von Gusseisenwerkstoffen Sonderdruck Nr. 16 aus "Konstruieren + Giessen", Zentrale für Gussverwendung, Düsseldorf, 1974.
vgl. auch: Industrie-Anzeiger 96 (1974) Nr. 28, S. 830/33

166) Verriest, R., J. v. Eeghem u. A. deSy: Untersuchung der Dauerfestigkeit einiger Gusseisen- und Stahlgusswerkstoffe bei Raumtemperatur und bei höheren Temperaturen
Giesserei-Praxis 1964, Nr. 11, S. 203/11

167) Nieth, H.: Dauerwechselfestigkeit. Das Verhalten von Guss- und Knetwerkstoffen unter mehrachsiger schwingender Beanspruchung. Forschungsvereinigung Verbrennungskraftmaschinen E.V., Frankfurt, Forschungsbericht Heft 86, 1972.
Gleichlautend mit Forschungsheft Nr. 13, 1972, Forschungskuratorium Maschinenbau E.V.

168) Hänsel, P.: Dauerfestigkeit von Gusseisen mit Kugelgraphit
Die Technik 21 (1966) Nr. 7, S. 455/57

169) Patterson, W. u. A. Lahn: Untersuchungen zur Dauerschwingfestigkeit von Gusseisen mit Lamellengraphit
Giess.-Forsch. 22 (1970) Nr. 1, S. 15/28

170) Modl, E.K. u. M. Briner: Das Verhalten von Sphäroguss gegenüber schwingender Beanspruchung
Techn. Rundsch. Sulzer 51 (1969) Nr. 4, S. 195/202, Nachdruck vgl. Giesserei-Praxis 1970, Nr. 13, S. 193/201

171) Leighton, W. u. J.O. Smith: Fatigue and static load tests of a high-strength cast iron at elevated temperatures
Proc. ASTM 41 (1941), S. 797/810

172) Radon, J.C., D.J. Burns u. P.B. Benham: Push-pull low endurance fatigue of cast irons and steels
J. Iron Steel Inst. 204 (1966) S.928/35

173) Svenska Gjuteriföreningen: Utmattningshallfastheten hos gjutärn och gjutstal.
(Fatigue properties of cast iron and cast steel)
IVF-Resultat Nr. 72612, April 1972.
Sveriges Mekanförbund, Stockholm.
30 Seiten (Schwedisch)

174) Maaβ, H.: Betrachtungen zur Gestaltfestigkeit von Kurbelwellen
Teil 1: MTZ-Motortechn. Zeitschr. 31 (1970) Nr. 2, S. 75/79
Teil 2: MTZ-Motortechn. Zeitschr. 31 (1970) Nr. 7, S. 306/14
Teil 3: MZT-Motortechn. Zeitschr. 31 (1970) Nr. 12,S. 517/23

175) Hornung, K. u. A. Rist: Schwingfestigkeit von Temperguss und Gusseisen mit Kugelgraphit.
Material u. Technik 2 (1974) Nr. 2, S. 63/68

176) Figge, H.: Dauerfestigkeitseigenschaften von Grauguss mit lamellarem Graphit
Zeitschr. für wirtsch. Fertigung 68 (1973) Nr. 6, S. 277/86

177) Figge, H.: Der Einfluss des Erschmelzungsverfahrens auf die statischen und dynamischen Festigkeitseigenschaften von Grauguss mit lamellarem Graphit unter Berücksichtigung der Gefügeausbildung und der Oberflächenbehandlung.
Dr.-Ing. Diss. TH Darmstadt, Fachbereich Maschinenbau, 1972. 73 Seiten

178) Morton, K. u. P. Watson: The low cycle fatigue behaviour of grey cast iron and its application to fatigue problems in diesel engine cylinder liners
Metals Technology 1974, S. 258/64

179) Kinoshita, M., H. Yamanouchi u. S. Yamamoto: Thermal stress fatigue and low cycle fatigue of cast iron
Proc. 2. Int. Conf. Fracture, Brighton 1969, Paper 58, S. 667/76. Chapman and Hall, London 1969

180) Radon, J.C., D.J. Burns u. P.P. Benham: The low-cycle fatigue behaviour of Diesel-engine combustion-chamber materials.
The Brit. Ship Res. Ass., BSRA-Rep.NS. 106, Mar. Eng. Rep. No. 67, London 1966

181) Henke, F.: Die Bruchzähigkeit von Gusseisenwerkstoffen
Giesserei-Praxis 1976, Nr. 9, S.131/39

182) Holdsworth, S.R. u. G. Jolley: Fracture toughness tests on perlitic spheroidal graphite cast iron
The Brit. Foundrym. 68 (1974) Nr. 3, S. 77/82

183) Lazaridis, A., F.J. Worzala, C.R. Loper jr. u. R.W. Heine: Fracture toughness of ductile cast irons
Trans. AFS 79 (1971) S. 351/60, vgl. auch Giesserei 60 (1973) Nr. 18, S. 590

184) Timoshenko, S.P. u. J.N. Goodier: Theory of elasticity
Mc Graw Hill Kogakusha Ltd.
Tokyo-Düsseldorf 1970, 3. Aufl.
International Student Edition
s. bes. Chapter 13, Thermal stress, S. 433/39

185) Johns, D.J.: Thermal stress analyses
Pergamon Press. Oxford, Frankfurt
1. Aufl. 1965
s. bes. Seite 29/32 und 55/57

186) Ikawa, K. u. G. Ohira: The fatigue properties of cast irons related to their graphite structures
32. Int. Giessereikongress, Warschau, Sept. 1965, Vortrag 14, 13 Seiten

187) Mahabale, B.V.: Metallurgical technique and application of the alloy iron castings for diesel engine parts
25.Int. Giessereikongress, Brüssel 1958, Vortr. Nr. 34, S. 663/69

188) Ellis, F.W.: The role of molybdenum in gray iron Foundry 102 (1974) Nr. 1, S. 46/47

189) Henke, F.: Molybdän und andere Elemente in niedriglegiertem Gusseisen für höhere Betriebstemperaturen Molybdän-Dienst Nr. 63, Düsseldorf 1970 15 Seiten vgl. Giesserei-Praxis 1969, Nr. 10, S. 373/87

190) Petrichenko, A.M. u. Mitarb.: Properties of Mg-treated iron alloyed with Mo Russ. Cast. Prod. 1971, Nr. 7, S. 282/84

191) Kantorovič, V.I. u. Mitarb.: Gusseisen für Bremstrommeln von Kraftfahrzeugen hoher Tragfähigkeit Avtomobil'naja promyslennost 36 (1970) Nr. 6, S. 36/37 (russisch)

192) Petrichenko, A.M. u. Mitarb.: Verbesserung der Eigenschaften von Gusseisen mit Kugelgraphit durch komplexes Legieren. Isvestija vyssich ucebnych zavedenij, masinostroenie 1973, Nr. 11, S. 103/05 (russisch)

193) Terada, H. u. Mitarb.: Effect of the graphite structure on the thermal fatigue of cast iron Translation from Imono 41 (1969) Nr. 4, S. 237/38, Brutcher Transl. No. 8020, 5 Seiten (englisch)

194) Talanov, P.I. u. Mitarb.: Stability of cast iron brake drums to formation of thermal cracks Metallovedenije i termicheskaja obrabotka metallov 1970, Nr. 12, S. 50/52. Climax Abstract No. C 9919

195) Grundlach, R.B.: Thermal fatigue in high carbon irons Ann Arbor, Climax Molybdenum Comp. of Michigan, Rep. ISJ-924, June 6, 1975. 18 Seiten

196) Bevan, J.E.: Elevated temperature mechanical properties of high strength gray irons with and without Molybdenum Climax Molybdenum Comp. of Michigan, Ann Arbor, Rep. L-256-34, October 17, 1975, 26 Seiten

197) Climax-Molybdenum GmbH., Düsseldorf:
Mo-Molybdän in grauen Gusseisen
Werbeschrift, 6 Seiten

198) Toor, P.M.: High strain fatigue of cast steel and cast irons
Ph. D. Thesis, University of London, Febr. 1968

199) Margerie, J.C.: Étude bibliographique sur les fontes à graphite vermiculaire
Fondeur d' aujourd'hui 1974, Nr. 254, S. 25/29

200) Reimann, F.: Unveröffentlichte Arbeit der Buderus'-schen Eisenwerke, Wetzlar. Mechanische Eigenschaften von GGV 30 und GGV 40
Brief TF/M- Re/Fi-4 vom 27.9.1976

201) Sturm, G.: Nitrieren von Gusseisenwerkstoffen.
Konstruieren + Giessen 1976, Nr. 1, S. 26/32, VDI-Verlag Düsseldorf

202) Kuhn, G. u. H. Reuter: Gusseisen mit Kugelgraphit im Grossmaschinenbau
Konstruieren + Giessen, 1976, Nr. 1, S. 15/21, VDI-Verlag, Düsseldorf

203) Walton, Ch.F.: Gray a. ductile iron castings handbook
Gray a. Ductile Iron Founders'Soc. Cleveland 1971, siehe bes. S. 432, Fig. 46

204) Villat, M. u. P. Felix: Hochtemperatur-Korrosionsschutzschicht für Gasturbinen
Techn. Rdsch. Sulzer 58 (1976) Nr. 3, S. 97/104

205) -- Ein neues Hochleistungs-Plasmaspritzverfahren
Kurznotiz in Stahl u. Eisen 95 (1975) Nr. 14, S. 665

206) Kiderle, E.: Dauerfestigkeitsschaubilder von Grauguss
MAN-Werk Augsburg. Persönliche Mitt.
Brief QW/Ki/wi vom 8.9.1975

207) Finnern, B.: Neue Anwendungsbeispiele des Badnitrierens unter besonderer Berücksichtigung des Fahrzeugbaues Härterei-Technische Mitt. 19 (1964) Nr. 1, S. 35/47

208) Ilinskii, V.A.: Nature of tearing in cylinder heads and ways of prolonging their life Russ. Cast. Prod. 1971, S. 522/23

209) Kozlov, I.I. u. L. Erokhin: Thermal durability of material for tractor engine cylinder heads Russ. Cast. Prod. 1972, S. 124/25

210) Bandow, K. u. Ch. W. Fabry: Gussvorspannungen an Zylinderköpfen Giesserei 44 (1957) Nr. 20, S. 579/82

211) Pope, J.A.: The use of cast irons in modern diesel engine design Brit. Foundrym. 58 (1965) S. 207/24

212) Bierwirth, G.: Über die mechanischen Eigenschaften von Gusseisen mit Lamellengraphit Vortrag VDG-Giessereitagung Stuttgart, 3./5.6.1970, vgl. Giesserei 57 (1970) Nr. 15, S. 468

213) Patterson, W.: Gusseisen-Handbuch Giesserei-Verlag, Düsseldorf 1963

214) Nechtelberger, E.: wie 67) Teil 3: Legierungsentwicklung im Hinblick auf hohe thermische und mechanische Belastbarkeit Österr. Giesserei-Institut, Leoben, laufende Untersuchung A.-Nr. 22.300

215) Lahn, A.: Biege- u. Torsionswechselfestigkeit von Gusseisen mit Lamellengraphit - eine Schrifttumsauswertung Giesserei 57 (1970) Nr. 9, S. 227/32

216) Rajakovics, E.v.: Untersuchungen über den Einfluss von Legierungszusätzen auf die dynamischen Festigkeitseigenschaften von Grauguss Giesserei-Rdsch. 13 (1966) Nr. 11, S. 21/27

217) Günther, W.: Schwingfestigkeit. VEB Deutscher Verlag für Grundstoffind., Leipzig 1973.

218) Weller, J. u. S. Remahne: Zur Festigkeitscharakteristik des Kolbenwerkstoffes GK-AlSi12Cu1Ni1 Giessereitechnik 16 (1970) Nr. 11, S. 363/68

219) Tauscher, H. u. H. Fleischer: Dauerschwingfestigkeit warmfester Stähle bei erhöhter Temperatur IfL-Mitt. 7 (1968) Nr. 11, S. 247/59 vgl. auch 217) S. 71/76

220) Henke, F.: Wärmebehandlung von Gusseisen Giesserei-Praxis (1976) Nr. 23/24, S. 351/84

221) Siefer, W. u. K. Orths: Eigenschaftskombinationen in den Werkstoffgruppen Gusseisen mit Kugelgraphit, schwarzer und weisser Temperguss, Stahlguss Giess.-Forsch. 23 (1971) Nr. 2, S. 43/56

222) Thury, W., R. Hummer u. E. Nechtelberger: Der Einfluss von Kobalt, Nickel und Kupfer auf das Gefüge und die mechanischen Eigenschaften von Gusseisen mit Kugelgraphit Giesserei-Praxis 1967, Nr. 15, S. 273/79

223) Czikel, J., G. Gurbaxani u. K.-H. Riemer: Beitrag zur Einstellung mechanischer Eigenschaften von Gusseisen mit Kugelgraphit im Gusszustand Giesserei 59 (1972) Nr. 21, S. 631/38

224) Jöller, A.: Untersuchungen über das Kriechverhalten von Gusseisen unter besonderer Berücksichtigung der durch bergbaulich verursachte Gebirgsbewegungen hervorgerufenen Beanspruchungen Dissertation Mont. Hochsch. Leoben, 1974, (3 Bde.)

225) Dietrich, H. u. W. Schmidt: Über das Kriechverhalten austenitischer Gusseisenwerkstoffe bei Raumtemperatur
Giesserei 58 (1971) Nr. 15, S. 441/46

226) -- Gusseisen mit Kugelgraphit. Broschüre der Fachgemeinschaft "Gusseisen mit Kugelgraphit", Düsseldorf, Sohnstr. 70, Ausgabe 1968.

227) Merchant, H.D. u. M.H. Moulton: Hot hardness and structure of grey, malleable and nodular cast irons
Brit. Foundrym. 57 (1964) Nr. 2, S. 62/74

228) Mayer, H.: Herstellung von Grossgussstücken aus ferritischem Gusseisen mit Kugelgraphit
Giesserei 55 (1968) Nr. 6, S. 121/26

229) Drapkin, B.M. u. E.G. Titenskij: Die Abhängigkeit des Elastizitätsmoduls und der inneren Reibung von Gusseisen mit Kugelgraphit von der Temperatur
Litejnoe Proizvodstvo in Deutsch 1965, Nr. 5, S. 44/45
vgl. auch 139), Bild 17b

230) Munz, D., K. Schwalbe u. P. Mayr: Dauerschwingverhalten metallischer Werkstoffe, Bd. 3 der Reihe Werkstoffkunde.
Vieweg-Verlag, Braunschweig 1971

231) Östensson, B.: Influence of microshrinkage cavities on the endurance limit of nodular cast iron
J. Iron Steel Institute 211 (1973) Nr. 9, S. 628/31

232) Palmer, K.B.: Mechanical properties of compacted-graphite irons
Unveröffentlichte Arbeiten der BCIRA, Birmingham 1976

233) Hughes, I.C.H.: The present status of research and development of ductile iron
Quality Ductile Iron Production, Today and Tomorrow. Proc. of the joint AFS-DIS Conference.
Rosemont , Ill. 14/16. Okt. 1975.
Section 19, S. 259/96

234) Puhr, H.: Erprobung von Gusseisen mit Vermiculargraphit bei der Steyr-Daimler-Puch AG.
Vortrag Giesserei-Tagung Leoben, 25.4.1969

235) Sofroni, L. u. I. Riposan: Über die Ursachen der Volumen zunahme bei der Erstarrung von Gusseisen (Vergleich GGL, GGV, GGG)
Giesserei-Praxis (1976) Nr. 17, S. 247/52

236) Evans, E.R., J.V. Dawson u. M.J. Lalich: Compacted graphite cast irons and their production by a single alloy addition
AFS Internat. Cast Met. J. 1 (1976) Nr. 2, June, S. 13/18

237) Reimann, F.: Unveröffentlichte Arbeit, Buderus'sche Eisenwerke, Wetzlar
Aktenvermerk TF-MM-Re/Fi-8 vom 27.8.1974, Zylinderdeckel aus GGV

238) Schlesinger, O.: Steyr-Daimler-Puch AG., Werk Steyr, Abtlg. Werkstoffprüfung, Persönliche Mitteilung 9.2.1977

239) Sakwa, W. u. W. Bachmacz: Einfluss der nichtmetallischen Oberflächenschicht (Gusshaut) auf die Dauerfestigkeit von Grauguss
Giesserei-Praxis, 1971, Nr. 11, S. 195/202

240) Löhberg, K. u. J. Motz: Über die Leitfähigkeiten einiger Eisenwerkstoffe
Giesserei 44 (1957) Nr. 11, S. 305/08

241) Bungardt, K.u. W. Spyra: Wärmeleitfähigkeit unlegierter und legierter Stähle und Legierungen bei Temperaturen zwischen 20 und 700°C
Archiv Eisenhüttenwes. 36 (1965) Nr. 4, S. 257/67

242) Brophy, J.H. u. M.J. Sinnott: The thermal and electrical conductivities of ductile cast iron and several grey cast irons. A critical review by K.B. Palmer. BCIRA-J. 8 (1960) Nr. 2, S. 266/72

243) Kindbom, L.: Warmrissbildung bei der Temperaturwechselbeanspruchung von Warmarbeitswerkzeugen. Archiv Eisenhüttenwes. 35 (1964) Nr.8, S. 773/80

244) Trbižan, M.: Temperaturwechselverhalten von Grauguss Berg- u. Hüttenm. Monatsh., 120(1975) Nr. 5, S. 174/84 vgl. auch Dr.mont. Dissertation: Temperaturwechselverhalten von Grauguss mit Versuch des Nachweises einer Beziehung zur Haltbarkeit von Stahlwerkskokillen Mont. Hochschule Leoben, 29.6.1973. (Bibliotheks-Signat. 12.571)

245) Kaden, F.: Kokillenwerkstoffe für Gussstücke mit Lamellengraphit - eine kritische Betrachtung zum gegenwärtigen Stand der Technik Giessereitechnik 18 (1972) Nr. 12, S. 407/12

246) Ilinskii, V.A.: Influence of chemical composition and structure on thermal durability of iron Russ. Cast. Prod. 1970, Nr. 7, S. 312/13

247) Kempers, H.: Sphärolitenflotation bei Gusseisen mit Kugelgraphit Giesserei 53 (1966) Nr. 25, S. 841/46

248) Siefer, W.: Über Brandrisse Giesserei 55 (1968) Nr. 24, S. 737/42

249) Prasse, K.: Mechanische und technologische Untersuchungen an Werkstoffen für Bremstrommeln und Bremsscheiben bei erhöhten Temperaturen Aus Wissenschaft und Praxis des Giessereiwesens. Giesserei-Verlag, Düsseldorf 1955, S. 314/26, s.bes. S. 320

250) Lembcke, H.-R.: Ein neuer grosser MaK-Dieselmotor M 601 mit 1200 bis 1500 PS je Zylinder. Techn.Mitt. Krupp, Forsch.-Ber. 35 (1977) Nr. 1, S. 43/50, vgl. auch Mot.-techn. Zeitschr. 37 (1976) Nr. 9.

251) Eichelberg, G.: Temperaturverlauf und Wärmespannungen in Verbrennungsmotoren Forsch. Arb. Ing. Wes. 1923, Nr. 263, S. 3 ff.

252) Finnern, B.: Tenifer-Behandlung von Zylinderköpfen. Persönl. Mitt. Brief DU-AT/Fi-Hö vom 21.1.1976, Fa. Degussa, Wolfgang b.Hanau

253) Albrecht, C.: Das Löten und Verzinnen von Grauguss nach der Behandlung mit dem Kolene-Verfahren Das Industrieblatt, Stuttgart 58 (1958) Nr. 5, S. 197/99

254) Eichhorn, F. u. J. Metzler: Plasmaspritzen von oxidkeramischen Werkstoffen. Untersuchungen zur Technologie des Verfahrens Forsch.Ber. Nr. 2337 des Landes Nordrhein-Westfalen. Westdeutscher Verlag Opladen 1973.

255) Petrichenko, A.M., G.N. Tuluzov u. S.S. Dyachenko: Diffusion impregnating as a means of preventing the destruction of iron molds. In: Protective Coatings an Metals. Herausgegeben von G.V. Samsonov. Vol. 1, Übersetzung aus dem Russischen Consultants Bureau, London 1969, S. 94/98

256) Schreiber, E.: Einfluss der Brennraumbodendicke auf die Zylinderkopftemperatur Persönl. Mitt. 28.1.1976 AVL-Anstalt für Verbrennungsmotoren Prof. Dr. H. List, Graz

257) Cichocki, R.: Einfluss der Verrippung im Wasserraum auf die Zylinderkopftemperatur Persönl. Mitt. 1.8.1975. AVL-Anstalt für Verbrennungsmotoren Prof. Dr. H. List, Graz

258) Borgeaud, P.: Weiterentwicklung eines Dieselmotors für direkten Schiffsantrieb
Techn. Rundschau Sulzer 55 (1973) Nr.1, S. 49/62

259) Briner, M.: Laboratorium für Formfestigkeit. Techn. Rundschau Sulzer. Sonderheft Forschungszentrum 1970, S. 25/35

260) Hiltbrunner, R.: Der Computer als Arbeitsinstrument in Forschung, Entwicklung und Konstruktion
Techn. Rundschau Sulzer, Sonderheft Forschungszentrum 1970, S. 73/81

261) Hellingman, G.-J.: Temperaturmessungen am Sulzer-8RND-105-Grossmotor
Sulzer Forschungsheft 1970. S. 59/64

262) Wolf, G.: Konstruktion und Entwicklung der Sulzer-RND-Motoren
Techn. Rundschau Sulzer 53 (1971) Nr.1, S. 3/17

263) Caspers, K.-H.: Probleme bei der Herstellung gasdichter Zylinderköpfe für Dieselmotoren aus Gusseisen
Schweizer Archiv 38 (1972), Okt., S. 334/45

264) Caspers, K.-H.: Kastenlose Herstellung von Zylinderköpfen im Kernblock
Giesserei 57 (1970) Nr. 19, S. 586/91

265) Mayer, H.u. F. Hämmerli: Herstellung von hochwertigem Gusseisen mit Kugelgraphit. Erfahrungen und Erkenntnisse
Techn. Rundschau Sulzer 54 (1972) Nr. 1, S. 3/22. vgl. auch 37. Int. Giesserei-Kongress, Brighton 1970, Vortrag Nr. 10, S. 1/28

266) Caspers, K.-H.: Untersuchungen zum Auftreten von Porosität in kompliziertem Motorenguss aus Gusseisen mit Lamellengraphit
Giesserei 51 (1964) Nr. 25, S. 773/83

267) Caspers, K.-H.: Dichtheitsprüfung und Imprägnierung von Zylinderköpfen aus Gusseisen für Dieselmotoren
Giesserei 59 (1972) Nr. 1, S. 12/16

268) Nechtelberger, E.: Blattrippenbildung im Wassermantel eines Zylinderkopfes
Unveröffentlichte Untersuchung des Österr. Giesserei-Institutes Leoben, Aufn. Nr. 21.229

269) Nechtelberger, E.: Blattrippenbildung und Vererzungen an Zylinderköpfen
Unveröffentlichte Untersuchung des Österr. Giesserei-Institutes, Leoben, Aufn. Nr. 23.138 und 23.193

270) Nechtelberger, E.: Stegrissuntersuchung eines Dieselzylinderkopfes
Unveröffentlichte Arbeit des Österr. Giesserei-Institutes, Aufn. Nr. 23.404

271) Nechtelberger, E.: Graphitflotation an einem GGV-Zylinderdeckel
Unveröffentlichte Untersuchung des Österr. Giesserei-Institutes, Leoben Aufn. Nr. 23.145, 23.160 u. 23.162

272) Nechtelberger, E.: Gussfehler an Zylinderdeckeln aus GGV
Unveröffentlichte Untersuchung des Österr. Giesserei-Institutes, Leoben Aufn. Nr. 23.766

273) Nechtelberger, E.: Untersuchung einer gebrochenen Pendelachsbrücke aus GGG.
Unveröffentlichte Arbeit des Österr. Giesserei-Institutes Aufn. Nr. 17.860

274) Dunks, C.M.: Effect of mould materials and mould coatings on disruption of nodular graphite.
Foundry Trade Journal 123 (1967) Nr. 2639, S. 3/6

275) Grüter, L.: Rissausbreitung in Gusseisen
Dr.-Ing. Dissertation, Abtlg. Maschinenbau, Ruhr-Universität Bochum, 1975.

FSC
www.fsc.org
MIX
Papier | Fördert gute Waldnutzung
FSC® C083411

Kolibri 360 GmbH
Ferdinand-Jühlke-Straße 7
99095 Erfurt, Deutschland
produktsicherheit@kolibri360.de